Pflastern mit Naturstein

Titelfoto: Das gezielte Setzen von Natursteinpflaster erfordert eine gewisse Übung, ein gutes Auge, ein Gespür für Steingrößen, fachgerechtes Arbeiten mit den erforderlichen Werkzeugen und Hilfsmitteln und Freude am Umgang mit den verschiedenen Natursteinmaterialien.

Volker Friedrich

Pflastern mit Naturstein

Weltbild

Genehmigte Lizenzausgabe © 2005 by
Verlagsgruppe Weltbild GmbH, Steinerne Furt, 86167 Augsburg

Titelfoto: Rüdiger Dichtel, Stuttgart
Gesamtherstellung: aprinta Druck GmbH & Co. KG,
Senefelderstraße 3–11, 86650 Wemding

Printed in Germany

ISBN 3-8289-1713-5

2007 2006 2005
Die letzte Jahreszahl gibt die aktuelle Lizenzausgabe an.

Vorwort

Lieber Leser,
dieses Buch erhebt keinen Anspruch auf Vollständigkeit. Es war mir jedoch ein Bedürfnis, möglichst viele Informationen rund um das Thema Natursteinpflaster zu sammeln, um auf diese Weise einen Einblick in Materialien, Verwendungen, notwendige Vorarbeiten, Gestaltungsmöglichkeiten und vieles mehr zu geben.

Sicher haben die meisten von Ihnen schon eigene Erfahrungen beim Arbeiten mit Natursteinpflaster gemacht, eigene Methoden entwickelt, Fertigkeiten erworben und Techniken im Detail erarbeitet. Andere wiederum suchen eine zusätzliche Anleitung oder Anregung zu diesem sowohl von der Arbeitstechnik als auch vom Arbeitsumfang sehr großen Bereich. Mit dem vorliegenden Buch sollen Möglichkeiten zur Verwendung von Natursteinpflaster aufgezeigt sowie Hinweise und Tips zur Arbeit gegeben werden. Vielleicht kann auch so manches kleine Kapitel, ein Foto oder eine Skizze eine wertvolle Unterstützung und Anregung beim Setzen von Natursteinpflaster sein.

Oberhausen, im Sommer 1999
Volker Friedrich

Inhaltsverzeichnis

Einleitung

Hausgartensituationen und dabei ganz besonders die Gestaltung von Anlagen mit natürlichen Mitteln, wie Holz, Wasser, Natursteinen und Pflanzen, erlangen in der gegenwärtigen Zeit bei Hausbesitzern eine immer größere Bedeutung. Gartenschauen demonstrieren ihnen häufig Beispiele wie die einzelnen Bestandteile für ihre Zwecke phantasievoll und anmutig, manchmal auch exotisch wirkend einsetzbar sind. Gartenarchitekten und Landschaftsgärtner planen Terrassen, Sitzflächen, Wegeführungen, Teichanlagen und Pflanzungen zur „Erweiterung des Wohnraumes" oder Anlage eines „zweiten Wohnzimmers".

In dieser Situation entfernt man sich immer weiter von den herkömmlichen Waschbetonplatten oder Betonsteinen der verschiedensten Art, um durch Natursteinpflaster eine größere Vielfalt an gestalterischen Formen zu erreichen.

Ob eine Terrasse, ein Weg, eine Grillecke, ein Hauseingang, eine Garageneinfahrt kreis- oder schuppenförmig, in Bögen oder in Reihen mit den verschiedensten Steingrößen, Farben oder Steinarten gestaltet wird, der Phantasie sind keine Grenzen gesetzt.

Teil 1
Natursteinpflaster in der Gartengestaltung

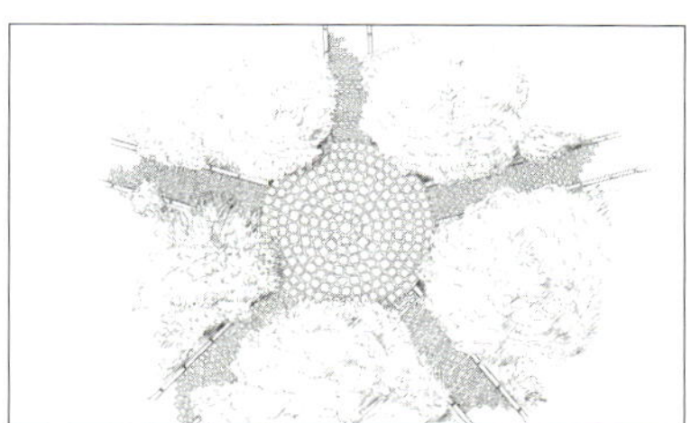

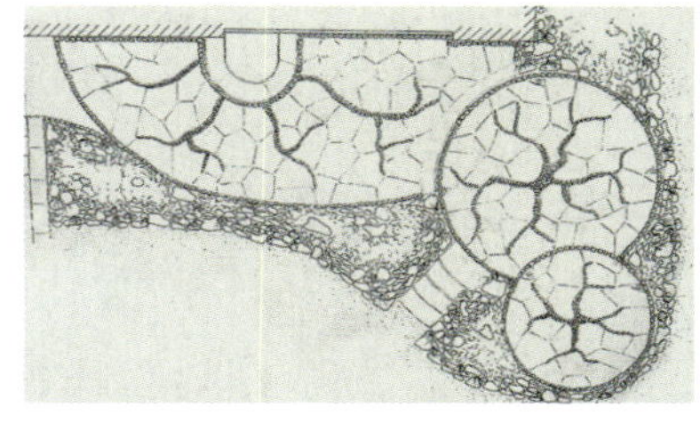

Historisches

Als Asterix und Obelix nach Rom kamen, waren sie erstaunt, daß es statt „schlammgebundener Wegedecken“, wie in ihrem, den Römern trotzenden Dorf, schon gepflasterte Wege gab, auf denen man trockenen Fußes zum „Sightseeing“ durch die Metropole des Weltreiches aufbrechen konnte. Doch nun ganz im Ernst: Die Römer waren Künstler auf dem Gebiet des Pflasterns; ihre Nachfahren sind es bis in die heutige Zeit geblieben. Die im Mittelalter gestalteten Plätze sowie die äußeren Bereiche von Herrschaftshäusern zeigten einen Teil des Wohlstandes und boten mit ihren aufwendigen Belägen die Möglichkeit, sich in einer nicht immer leichten Zeit an etwas Schönem zu erfreuen.

Natursteinpflaster wurde traditionell hauptsächlich dort eingesetzt, wo es natürlich vorkam. In den „natursteinärmeren“ Gegenden wurden Pflastersteine aus Ton gebrannt und je nach Brenntemperatur (sie bestimmt die Härte des Materials) als Ziegel- oder Klinkerpflaster verlegt. Als ältestes, nachvollziehbares Beispiel sei an dieser Stelle das Klinkerpflaster im alten Babylon genannt.

Künstlerisch und doch natürlich – eine Gartenanlage in China.

Bereits die Römer pflasterten ihre Straßen mit Klinker. Im 14. Jahrhundert wurden in Florenz Ziegel als Pflaster verwendet, danach in der Schweiz. Nach Nordeuropa kam diese Art des Pflasterns erst relativ spät. Sie wurde in Dänemark, den Niederlanden und den norddeutschen Gebieten seit dem Ende des 16. Jahrhunderts und Anfang des 17. Jahrhunderts angewandt.

Aus China ist das Pflastern mit Natursteinkieseln bereits seit dem 11. Jahrhundert bekannt. Sein Höhepunkt fällt mit der Erschaffung des „Liu“-Gartens in die Zeit der Ming-Dynastie (Wan-Li-Zeit 1573 bis 1620). Die Wege in diesem Garten stellen einen Höhepunkt in der Vereinigung von Pflasterkunst und Symbolik dar. Auch heute lebt die Kunst des Pflasterns in China weiter, bestehende Anlagen werden restauriert und repariert, Gärten werden neu gestaltet. Das Wissen um die Kunst des Kieselsteinpflasterns lebt in einigen älteren Pflasterern fort, die mit größter Sorgfalt die Kieselsteine aufeinander abstimmen, sortieren, zuordnen und schließlich geschickt in ein Mörtelbett versetzen. Dabei entstehen die schönsten Ornamente, Blumen, Tiere, Menschen, und es wird ein Eindruck erweckt, als sollten diese Beläge Geschichten und Botschaften übermitteln.

Aber nicht nur in China, sondern auch in Griechenland (besonders auf den Inseln) und in anderen südeuropäischen Ländern, wird auch heute noch mit Kieselsteinen gepflastert.

Der Beruf des Pflasterers beinhaltet nicht nur den Handwerker für sich, sondern gleichzeitig den gestaltenden Künstler. Er entstand zuerst im Straßen- und Tiefbau als selbständiger Berufszweig, heute übernimmt der Landschaftsgärtner die Aufgabe, Gestaltungselemente im Garten- und Hausbereich auszuführen. Nachwuchs für den reinen Pflastererberuf gibt es kaum; der Landschaftsgärtner erwirbt diese Fertigkeiten während seiner Ausbildung. Häufig geschieht dies auch in speziellen Kursen im Rahmen der überbetrieblichen Ausbildung oder bei Fortbildungsseminaren. Das Verlegen von Natursteinpflaster setzt ein hohes Maß an Können, gestalterische Ambitionen und eine Portion Geschicklichkeit bei gleichzeitiger Beachtung einiger Gesetzmäßigkeiten, die im einzelnen noch erörtert werden, voraus.

Der Gedanke, Natursteinpflaster gerade in der heutigen Zeit in unsere Gärten zu bringen, ist dem Landschaftsgärtner nicht neu, und er ist auch nicht unter dem Gesichtspunkt entstanden, damit das große Geld zu verdienen. Dafür ist diese Arbeit viel zu schwierig. Sein Bestreben ist es, den Gärten, ihren Terrassen und Wegen, den Einfahrten und Eingangsbereichen ein natürliches Flair zu verleihen. Unterstützung findet er oft bei seinen Kunden selbst. Sie haben sich beispielsweise als Touristen Impressionen aus südlichen Ländern mitgebracht, haben verschiedene Natursteinpflasterungen gesehen und möchten solche kleinen Kunstwerke auch in ihrem eigenen Garten haben.

Um zu zeigen, wie so etwas aussehen kann, werden nachfolgend einige Pläne von Hauseingängen und Terrassen vorgestellt. Sie stellen nur eine kleine Auswahl von all dem, was geplant und ausgeführt werden kann, dar. Die Mosaik- oder Kleinpflasterbereiche wurden nicht ausgezeichnet, um dem Betrachter die Möglichkeit zu geben, seinen eigenen Vorstellungen und Phantasien, den Belag betreffend, freien Lauf zu lassen. Jeder sollte für sich selbst entscheiden, ob mit Halbbögen, Schuppen, Kreisen, in Reihen oder Segmentbögen gepflastert wird. Es sollte jedoch in jedem Fall nach den im Teil 2 dargestellten Grundlagen des Pflasterns verfahren werden.

Pläne

Hauseingänge

Die beiden folgenden Hauseingänge haben verschiedene Aspekte in der Planung gemeinsam. Es wird davon ausgegangen, daß der Eingang nicht direkt zu erreichen ist, also durch eine Anpflanzung in zwei Wegbereiche aufgeteilt wird. Dadurch werden Spannung und Interesse beim Betrachter bzw. Besucher hervorgerufen. Die Wege öffnen sich zum Eingang zu einem größeren Bereich, einer Art Vorplatz.

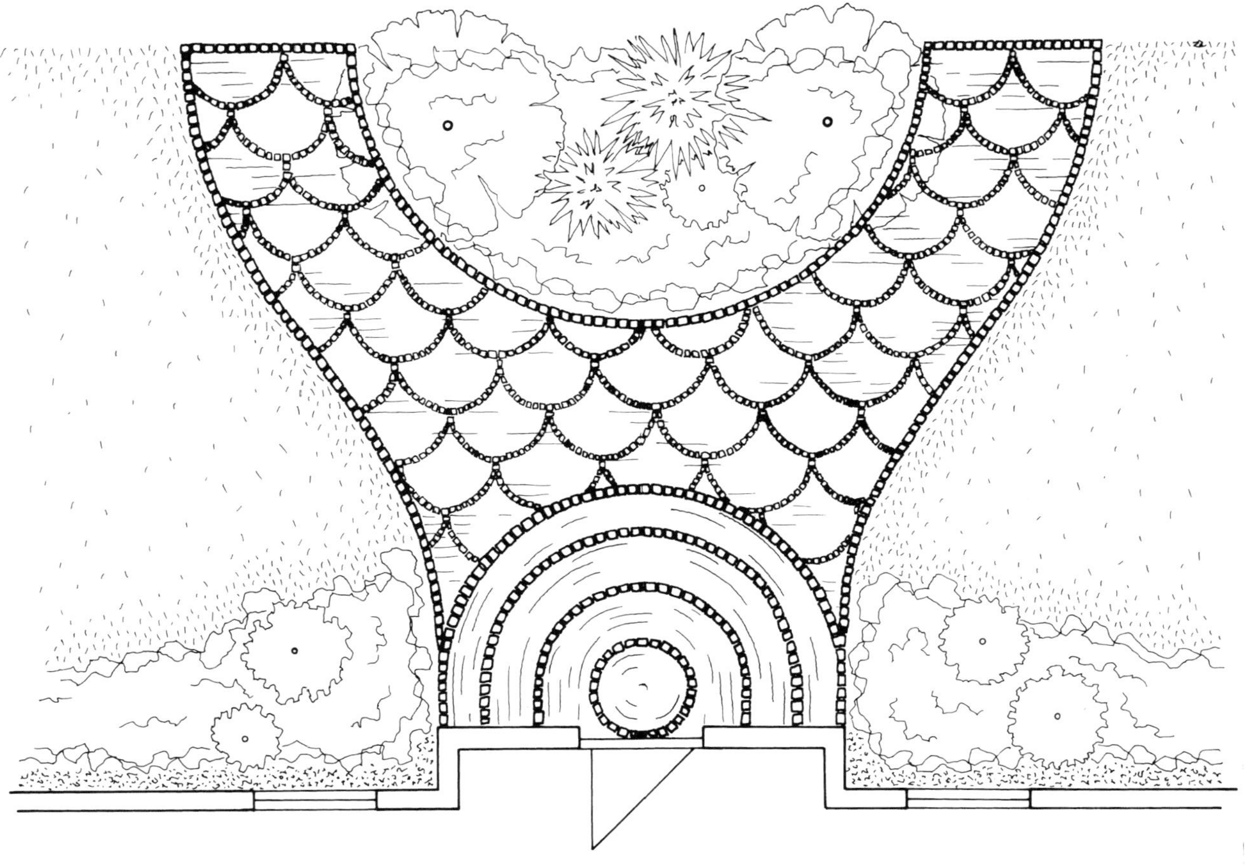

Abb. 1.
Hauseingang I.

Beide Eingangsbereiche sind in ihrer Form fest umschlossen, das heißt, sie erhalten eine Art Ummantelung durch Klein- bzw. Großpflaster zum Halt der Gesamtfläche.

Während sich jedoch beim **Hauseingang I** die Formen ineinander anpassen und weiche Übergänge in den halbkreisförmigen Empfangsbereich das Bild prägen, steht der **Hauseingang II** im krassen Gegensatz dazu. Die abstrakte Form der Verbindung zwischen den beiden unscheinbar wirkenden Wegen und dem „überdimensionalen" Eingangsvorplatz, der sternförmig geradlinig und durch die kreisförmige Anordnung exakt auf den Eingang hin konzipiert ist, läßt den Betrachter nicht einfach den Natursteinpflasterbelag betreten, sondern zwingt ihn regelrecht, darauf zu verweilen und sich diese Art von „Kunstwerk" anzuschauen.

Die Auspflasterungen der beiden Hauseingänge sind in der Regel ausschließlich mit Mosaikpflaster zu gestalten, wobei die größeren Wegbereiche des Einganges I und die beiden äußeren Kreise des Einganges II mit Kleinpflaster abgesetzt werden können. Welches spezielle Material nun tatsächlich zur Pflasterung verwendet wird, richtet sich nach verschiedenen Gegebenheiten. Es ist jedoch zu beachten, daß nicht alle Natursteinpflasterarten bedenkenlos miteinander und mit vorhandenen Elementen konfrontiert werden können.

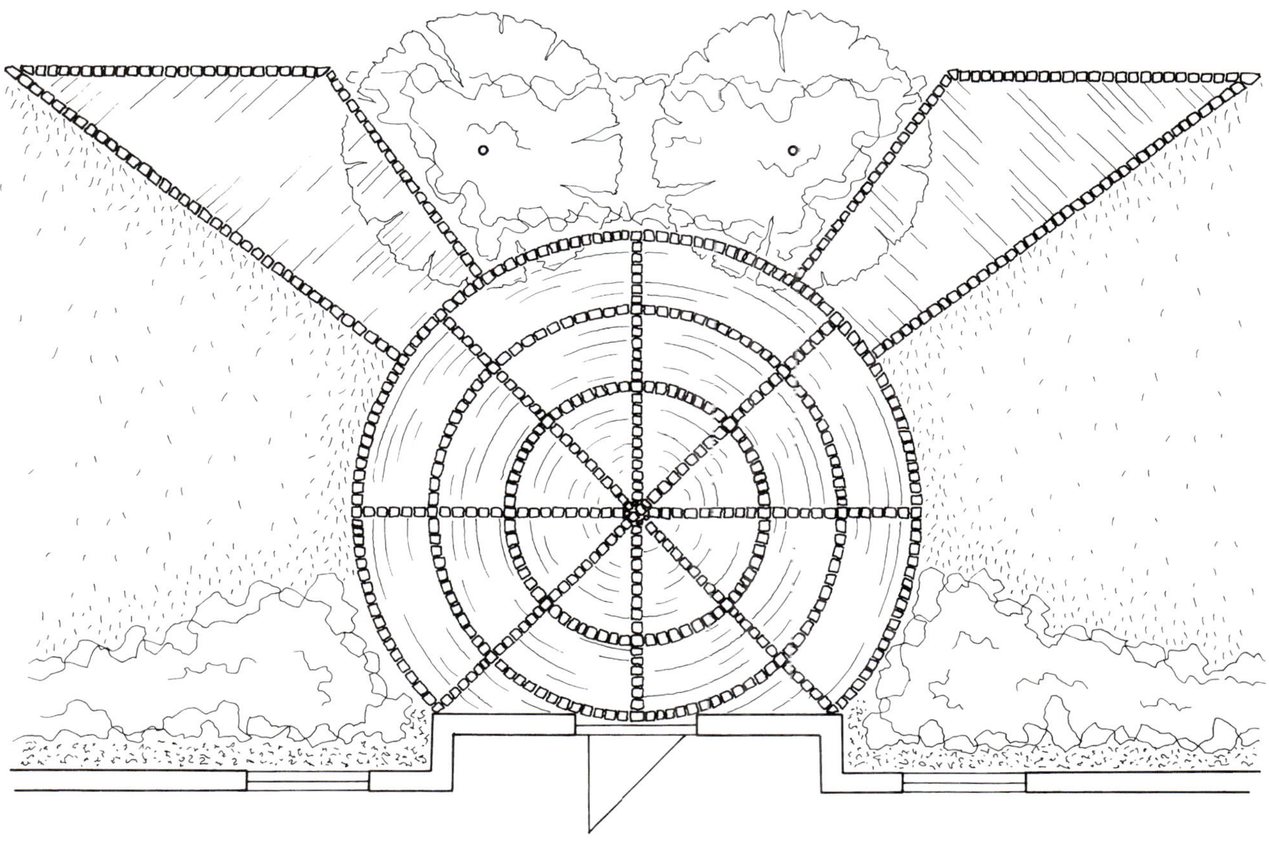

Abb.2.
Hauseingang II.

Kriterien für das Gestalten mit Natursteinpflaster:
- Die Pflastersteinfarbe muß zur Hausfront, zur Tür und allgemein zum Eingang passen.
- Das Verhältnis der Natursteinpflastergrößen zueinander und zu vorhandenen Flächen muß stimmig sein.
- Es ist eventuell eine Abstufung zu vorhandenen Bauteilen zu schaffen. Mit dem Natursteinpflaster kann beispielsweise ein neuer Anfang gemacht werden.
- Die Farbzusammenstellung bei Kreisen, Schuppen, Bögen darf sich nicht allzu stark „beißen".
- Die Oberfläche des Natursteinpflasters ist zu beachten. Bei einer geordneten, sehr genauen Gestaltung werden glatte Oberflächen (Porphyr, Marmor) verwendet, bei rustikaler Gestaltung sind eigentlich keine Grenzen gesetzt.

Geht man in beiden Hauseingangsbereichen davon aus, daß der Eingang zu ebener Erde liegt, also keine Treppenanlage oder Auftritt vorgesehen sind, muß mit entsprechendem Gefälle vom Haus oder zu den Pflanzflächen hin gearbeitet werden. Je nach Belag beträgt das Gefälle 1 bis 3 %. Das bedeutet in den beiden vorgegebenen Fällen einen Höhenunterschied von jeweils 8 bis 24 cm in Straßen-

Tab. 1. Eventueller Materialbedarf für Hauseingang I und II (alle angegebenen Werte sind ungefähre Angaben)

Bedarf an Naturstein für Eingang I und II

Naturstein	Einsatz–bereich	Kanten (in mm)	Eingang I	Eingang II
Porphyr	Umrandung	120 × 160		12 m²/4,0 t
Granit grauweiß	Außenkreis	100 × 100		11 m²/2,8 t
Granit grauweiß	Umrandung	100 × 100	6 m²/1,5 t	
Granit grauweiß	Schuppen-bögen	60 × 60	6 m²/0,8 t	
Granit grauweiß	Mittelkreis	60 × 60		10 m²/1,3 t
Granit grauweiß	Reihen	60 × 60		15 m²/2,0 t
Granit grauweiß	Innenkreis	40 × 40		6 m²/0,6 t
Porphyr	Kreise/ Schuppen	40 × 40	40 m²/4,0 t	

Bedarf an Oberbau-, Fugen- und Fertigmaterialien für Eingang I und II

	Fläche	Material	Einsatz-bereich	Mengen
Eingang I	50,6 m²	Beton B 15	Umrandung	1,0 m³
		Kiessand 0/32	Tragschicht	6,5 m³
		Natursand 0/2	Bettung	3,0 m³
		vdw 840	Fugen	466 kg*
Eingang II	50,8 m²	Beton B 15	Umrandung, Kreise	2,3 m³
		Kiessand 0/32	Tragschicht	6,5 m³
		Natursand 0/2	Bettung	2,5 m³
		vdw 840	Fugen	345 kg**

* entspricht etwa 19 Sack (pro Sack 25 kg) bei Fugenbreite 5 mm
** entspricht etwa 14 Sack (pro Sack 25 kg) bei Fugenbreite 5 mm

richtung. Wird ein Dachgefälle eingebaut (was eigentlich vermieden werden sollte, aber bei bestimmten Entwässerungsproblemen nicht anders zu bewerkstelligen ist), muß der Bereich in Straßenrichtung teilweise, in Abhängigkeit vom Höhenunterschied Eingang/Grundstücksgrenze, in Waage gesetzt und beiderseits mit Gefälle gleicher Stärke versehen werden. Bei Ebenflächigkeit oder entgegengesetzter Richtung des Gefälles sollte in der Nähe des Einganges oder am Scheitelpunkt beider Gefällerichtungen eine Ablaufrinne (ACO-Drän) eingebaut werden.

Die Materialbestellungen sollten großzügig bemessen werden, um eine flächendeckende Verlegung des Natursteinpflasters zu sichern.

Terrassengärten

Auch die beiden Terrassengärten stehen in einem krassen Gegensatz zueinander. **Garten I** wurde mit seiner Terrassenfläche genauestens eingemessen. Jeder Meter ist mehr oder weniger steril eingerichtet, die Umpflanzung bildet das Gegenstück zur Natursteinpflasterfläche, die Rasenfläche ist der zentrale Mittelpunkt. Der Aufenthaltsbereich in Richtung der Terrassentür ist von vorbeigehenden Passanten kaum einzublicken. Allerdings lädt die durch die starre Pflasterung vorgegebene Verbindung indirekt zum Hinsehen ein. Als Gestaltungselement bietet sich in diesem Fall ein Reihenpflaster aus Mosaik an, welches von Kleinpflaster der Größe 2 (entspricht 90 × 90 mm Kantenlänge) umrandet wird. Der Bereich vor der Terrassentür weist ein anderes Material, eventuell auch einen Lichtschacht auf. Außerdem könnte man sich vorstellen, daß die gesamte Fläche von einer Pergola überdeckt wird.

Garten II wirkt dagegen leicht verspielt. Mehrere kleinere Sitzgelegenheiten sind zwischen größeren Findlingen und für den Weg nach außen vorgesehen. Es entsteht kein geheimer Bereich, mehr eine

Tab. 2. Eventueller Materialbedarf für Garten I und II (alle angegebenen Werte sind ungefähre Angaben)

Bedarf an Naturstein für Garten I und II				
Naturstein	**Einsatzbereich**	**Kanten (in mm)**	**Garten I**	**Garten II**
Granit grauweiß	Zwischenreihe	120 × 150		6 m²/1,7 t
Granit grauweiß	Außen/Zwischen	90 × 90	6,5 m²/1,3 t	
Porphyr	Reihen	100 × 100		40 m²/9,0 t
Porphyr	Reihen	50 × 50	21,0 m²	
Bedarf an Oberbau-, Fugen- und Fertigmaterialien für Garten I und II				
	Fläche	**Material**	**Einsatzbereich**	**Mengen**
Garten I	27,4 m²	Beton B 15	Umrandung	1,0 m³
		Kiessand 0/32	Tragschicht	3,6 m³
		Natursand 0/2	Bettung	1,8 m³
		vdw 840	Fugen	288 kg*
Garten II	45,9 m²	Beton B 15	Umrandung, Zwischen	1,3 m³
		Kiessand 0/32	Tragschicht	6,0 m³
		Natursand 0/2	Bettung	2,6 m³
		vdw 840	Fugen	214 kg**

* entspricht etwa 10 Sack (pro Sack 25 kg) bei Fugenbreite 5 mm
** entspricht etwa 9 Sack (pro Sack 25 kg) bei Fugenbreite 5 mm

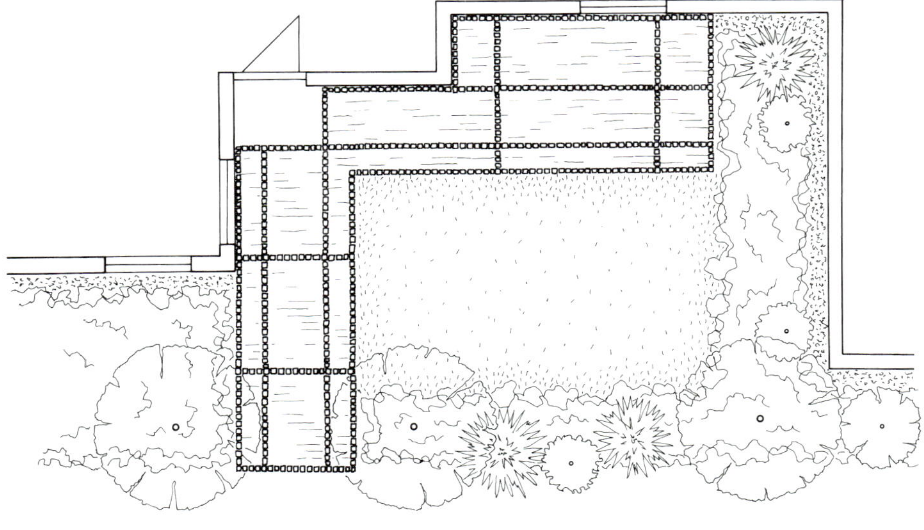

Abb.3.
Hausgarten I.

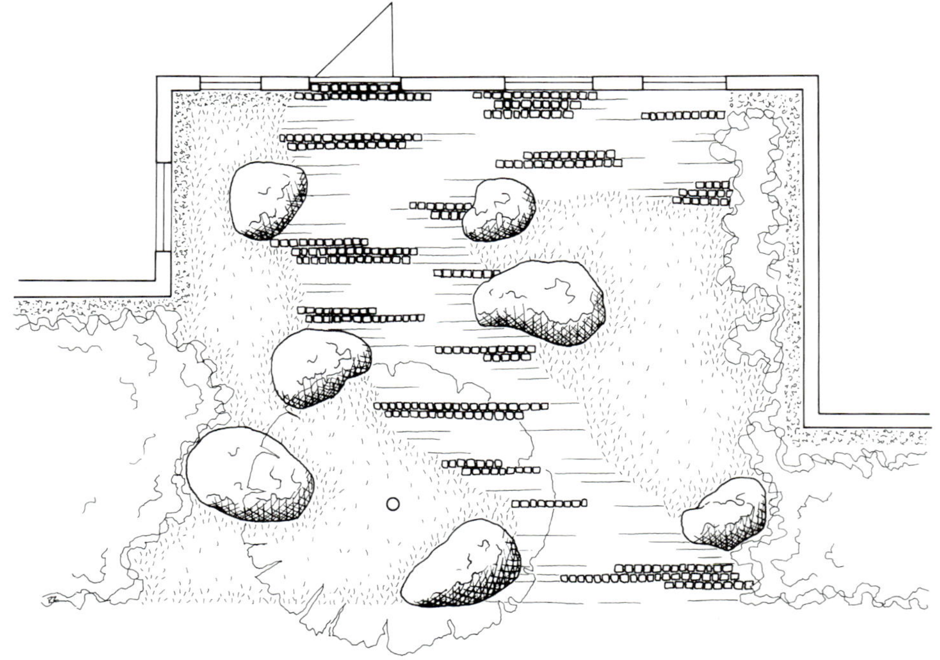

Abb.4.
Hausgarten II.

Zunge in der Rasenfläche, die von minimaler Bepflanzung umgeben wird. Großpflaster bringt ein gewisses Muster in die Fläche, bei der sich auch das Versetzen eines Reihenpflasters anbieten würde. Das Natursteinpflaster hat keine Umrandung und läuft im Randbereich unterschiedlich aus. Die Reihen sollten daher eventuell mit einem Kleinpflaster der Größe 1 (entspricht 100 × 100 mm Kantenlänge) gesetzt und mit einem Betonstuhl versehen werden. Auch hier sollten die Materialbestellungen großzügig bemessen werden, um eine flächendeckende Verlegung des Natursteinpflasters zu sichern.

Als weiteres Beispiel soll eine an der Lehr- und Versuchsanstalt in Essen in zwei Bauabschnitten erstellte Terrassenfläche dienen.

Rechte Seite: Verschiedene Arbeitsphasen bei der Gestaltung einer Terrassenfläche.

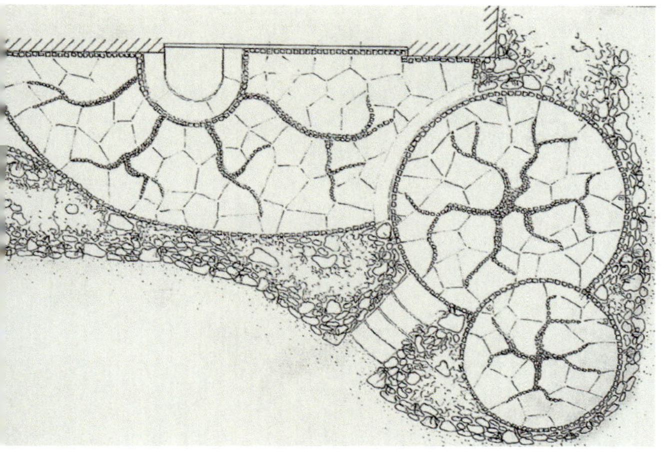

Links: Der Plan zeigt die fertigzustellende Fläche, die aus polygonalen Neckartäler Sandsteinplatten mit Ornamenten aus grauem Granit bestehen soll. Die Einfassung erfolgt in Kleinpflaster von 100 × 100 mm Kantenlänge, die Ornamentteile werden in einem Mosaikpflaster von 40 × 40 mm Kantenlänge geschaffen.
Mitte links: In der ersten Phase wird das Granitpflasterornament verlegt. Auf diese Weise wird eine Art Natursteinpflastermodell hergestellt, an dessen Modellierung sich die entsprechend von Hand zugeschlagenen und verlegten Sandsteinplatten orientieren sollen.
Mitte rechts: Das Natursteinpflaster wird „erneut" zwischen die einzelnen, festliegenden Platten gesetzt; Abweichungen können so korrigiert werden. Das geplante Ornament sollte annähernd getroffen werden.

Und so sieht dann ein fertiges Ergebnis in der Vorbereitung aus.

Beim genauen Vergleich der fertigen Treppe mit dem Plan sind natürlich Abweichungen vorhanden, insgesamt aber ist das Erscheinungsbild doch identisch (Bild um 90° gedreht).

Kreatives Gestalten von Pflasterbereichen für verschiedene Einsatzorte – Ideen und Varianten

Terrassen

Die **Terrasse** wird inzwischen als ein oft genutzter Bestandteil der Wohnung verstanden. Sie dient je nach Bedarf als Aushängeschild des Eigentümers, so z. B. als Statussymbol oder um Geschäftspartner in einer Atmosphäre der Gemütlichkeit und des Wohlbehagens zu empfangen, aber auch als gestalterisches Element, um die Natur mit dem „Wohnzimmer" zu verbinden oder einfach nur als ein zusätzliches Element im Wohnbereich, welches zur Erholung und Entspannung und Förderung des Familienbewußtseins beitragen soll.

Eine Terrasse wird für eine lange Nutzungsdauer geplant und soll nicht laufend verändert werden – das setzt eine gründliche und geschickte Planung voraus. Sie muß in das Umfeld des Hauses passen, den Vorstellungen des Eigentümers entsprechen und auf seine Bedürfnisse abgestimmt sein. Das ausgewählte Natursteinpflaster sollte einerseits zum Haus passen, andererseits muß auch die Verbindung zur weiteren Gartenanlage stimmig sein.

Die Terrasse darf nicht isoliert wie ein Fremdkörper wirken. Je nach Gartensituation kann sie eine Brücke zum Gartenteich oder Wasser-

Terrasse: Verbindung zwischen Haus und Garten.

becken bilden, sie kann als „Aussichtsplattform“ dominierend das Areal überragen, sie kann aber auch als „geheimer Bereich“ den Garten aus der Tiefe erforschen.

Die Gestaltung der Terrasse kann sehr vielfältig sein. Neben einer geschwungenen oder verzahnten Form kann sie eine Sitzfläche oder kleinere Pflanzaussparungen aufweisen, eingelassene Kübel, Fässer oder kleine Kunstwerke beherbergen. Der Phantasie sind hierbei keine Grenzen gesetzt, nur die Durchführung muß in allen Details korrekt verlaufen.

Gartenwege

Die gestalterische Funktion eines **Gartenweges** besteht darin, irgendwohin zu führen, aus irgendeiner Richtung zu kommen, Baulichkeiten und verschiedene Gartenbereiche, wie Terrassen, Grillplätze, Kinderspielbereiche oder Sitzgruppen, miteinander zu verbinden, bestimmte Gartenthemen, wie Wasserflächen, Bachläufe, Steingärten, unauffällig zu streifen, um deren Wirkung auf den Betrachter nicht

Gestalterisch aufgelockerter Gartenweg.

Weg in die Natur.

zu mindern oder aber gerade durch großzügig dargestellte Wegekonstruktionen das Interesse zu wecken. Ebenso kann er durch seine gestalterische Form, Farbe, Muster und Zusammensetzung ein tristes, wenig abwechslungsreiches Terrain beleben, größere Rasenflächen durch geschwungene Wegeführung aufteilen, Höhen und Täler einer Gartenanlage in Verbindung mit unterbrechenden Treppenanlagen oder einzelnen Stufen kontinuierlich überbrücken und somit einen gefälligen Eindruck vom Garten vermitteln. Gerade durch Natursteinpflaster wird der natürliche Charakter einer Gartenlandschaft hervorgehoben – dies sollte bei der Gartengestaltung grundsätzlich mit berücksichtigt werden.

Aus diesen Funktionen eines Weges heraus resultiert, daß Wege nicht einfach ohne Konzept planlos in den Garten „geworfen" werden dürfen. Sie müssen individuell gestaltet werden und sich harmonisch mit den anderen natürlichen „Arbeitsmaterialien" Pflanze, Wasser und Holz verbinden, so daß selbst in einem Hausgarten der Eindruck einer geschlossenen Landschaft vermittelt werden kann.

Häufig wird ein Weg nach den einfachsten Bedürfnissen der Benutzer geplant. Direkte Verbindungen zu den einzelnen Bauteilen prägen das Bild. Von der Terrasse aus führt ein Weg geradlinig zur Grillecke, ein anderer beispielsweise um das Haus zur Garage, und ein dritter bildet vielleicht bis in den hintersten Bereich der Anlage eine Verbindung zu einer Pflanzfläche. All dies ist zwar praktisch, aber ideenlos und wird vermutlich nach einiger Zeit den Benutzern und Eigentümern nicht mehr genügen.

Deshalb sollte die Gestaltung der Wege zwar den Bedürfnissen der einzelnen Familienmitglieder entsprechen (Sitzgruppe, Sandkasten, Gartenteich, Liegewiese, Pflanzflächen und anderes), doch sollte dies auch ohne weiteres durch harmonische, aufeinander abgestimmte Verbindungen untereinander realisiert werden. So kann z. B. der von der Terrasse in den Garten führende Weg seitlich versetzt sein, einen geschwungenen Bogen durch die Anlage nehmen, zum Teil versteckt hinter größeren Bäumen und Sträuchern auf eine von einer Hecke umsäumte Ruhezone treffen und diese auf der anderen Seite versetzt, ohne direkt sichtbar zu sein, wieder verlassen. Durch einen scharfen Knick bzw. eine starke Richtungsänderung können neue Perspektiven erreicht werden, aber auch angelegte Erhöhungen, terrassenähnliche Stein- oder Heidegartenbereiche, Wege in Stufen und Podeste, die aus dem gleichen Material gepflastert wurden, ineinander übergehen.

Die Vielfalt der Gestaltung und der überraschende Moment ihrer perspektivischen Darstellung lassen den Garten seinem Betrachter und Benutzer wie ein kleines Stück „private“ Natur erscheinen. Direkte und einfache Gartenwege würden im Gegensatz dazu steril, unnatürlich und nicht gerade einladend wirken.

Planungsseitig scheint der Gartenweg eigentlich sehr einfach realisierbar zu sein. Es sind jedoch viele Details hinsichtlich Form, Ausarbeitung und Lage zu berücksichtigen. Konzeptionell sollte deshalb vorab festliegen, was man von diesem Weg oder mehreren Wegen im Garten erwartet. Soll es beispielsweise ein direkter, verbindender Weg sein, der verschiedene konstruierte Bauteile im Garten zueinanderführt, oder tangiert der Weg lediglich in großzügiger Weise die einzelnen Bereiche? Die direkten Verbindungen werden in diesem Fall mit Hilfe von Stichwegen realisiert.

Terrassenausgang.

Liegt ein Plan vor, ist außerdem zu bestimmen, inwieweit die Wegeführung im Gelände dominant oder zurückhaltend sein soll, wo einzelne Wegestrukturen vorherrschen sollen und andere sich schlicht und einfach den Berührungspunkten nähern.

Auch die Breite des Weges spielt eine sehr wesentliche Rolle. Sie kann von annähernd 40 cm – ein kleiner Stichweg – über 60 bis 80 cm – für eine Person, beispielsweise mit Schubkarre oder Rasermäher begehbar – bis hin zu 120 cm – zwei Personen können sehr gut nebeneinander hergehen – gestalterisch geplant werden.

Natürlich sind dies nur einige Möglichkeiten. Wege können dem Bedarf entsprechend auch wesentlich breiter geführt oder in verschiedenen Breiten angelegt werden. Der Terrassenabgang kann großzügig gestaltet sein, als Weg, der sich entweder zum Garten hin öffnet oder in die Ferne laufend schließt.

Wird für die Durchführung der Pflasterarbeiten ein Plan erstellt, sollten die Wege in Breite, Länge, Form und Angrenzung an festgelegten

Vorplatz zum Garten.

Gegebenheiten genauestens eingezeichnet sein. Alle in der Fläche vorhandenen Meßpunkte sind so zu nutzen, daß ein Weg bis in das kleinste Detail maßgenau vom Plan auf die landschaftliche Struktur des Gartens abgetragen werden kann. So sind z. B. Kurven, Winkel, Verbreiterungen, Kreuzungspunkte, Anfänge von Treppenanlagen oder Podesten, Höhen oder Senken sowie Ausläufe in Terrassen und/oder anders geartete tragende Flächen durch sorgfältiges Einmessen zu kennzeichnen, um auf diese Weise den Verlauf des einzelnen Weges im Gesamtkonzept der Anlage zu überprüfen, eventuell zu korrigieren und als Pflasterung auszuarbeiten. Je genauer die Vorbereitungen, desto gründlicher die Durchführung. Es kann natürlich auch jeder Weg einzeln und ohne Plan fixiert werden. Dennoch sollten auch hier die kleinen „Spielregeln“ der gestalterischen und arbeitstechnischen Ausführung Beachtung finden.

Eingangsbereiche

Häuser, auch wenn es sich um kleine, architektonisch schöne Bauwerke handelt, wirken ohne gestalterisch durchdachte Zufahrt und einen entsprechenden Eingangsbereich optisch unscheinbar und wertlos. Erst eine direkte Hinführung zum Objekt, ein sich öffnender Weg, ein kleiner terrassenähnlicher Vorplatz oder ein verschlungener Weg als Einfahrt geben Gelegenheit, Räume zu überbrücken, Neugier zu wecken und Verbindungen zu Wohnbereichen und Garagen zu schaffen. Durch eine optimale Gestaltung soll eine gewisse Faszination hervorgerufen werden, dem Bewohner ein Wohlbehagen vermittelt und ihm eine Art Freiraum gewährt werden. Dies setzt eine gute Beratung, den gewissen Blick für gestalterische Möglichkeiten und planerische Qualitäten voraus. Alle aufeinander abgestimmten Bereiche müssen miteinander harmonisieren und dürfen sich nicht wie krasse Gegensätze abstoßen. Dabei spielt natürlich auch die Geschmacksfrage eine gewisse Rolle. So sollte man sich in den einzelnen Bereichen umsehen und versuchen, die bestmögliche Gestaltung zu erreichen.

Mit dem **Eingangsbereich** wird häufig sehr viel über den jeweiligen Bewohner ausgesagt, wer er ist, was ihm sein Haus und Heim bedeutet, wie er sich anderen gegenüber abschottet oder gar in der Gestaltung anpaßt, ob es die Kopie einer Gestaltung ist oder eigene Ideen verwirklicht wurden.

Eingangsbereiche können einfach oder großzügig geplant werden.

Eine wichtige Rolle spielt dabei die Strecke von der Straße bis zum Hauseingang. Lohnt es sich bei kleineren Vorgartengrößen – bis zu drei Meter Tiefe – aufwendige gestalterische Lösungen zu finden oder sollte hier der Eingang auf dem direktesten Weg erreicht werden?

Bei größeren Entfernungen sollte der zuführende Weg auf keinen Fall eine gerade Verbindung zum Haus schaffen. Es könnte sonst leicht geschehen, daß der großzügig gestaltete, einladende Vorgartenbereich in seiner vielfältigen Bepflanzung, seinen Modulationen und seinen Hinweisen auf die Hausfront übersehen wird.

Eingangsbereich.

Der Eingangsbereich lädt zum Verweilen ein.

Podest aus Naturstein.

Spezielle Hinführung durch unterschiedliche Pflasterarten und -farben.

Die Abstimmung von Wegelänge und Wegebreite mit den Dimensionen des Vorgartenbereiches ist also von größter Bedeutung. Der Anschluß zum Hauseingang sollte nicht verlorengehen, der Weg aber andererseits nicht planerisch übertrieben werden.

Vor dem Eingang sollte der Weg so breit sein, daß er mehreren Personen Platz bietet, beispielsweise so breit wie der Hauseingang mit Auftritt, also etwa zwei Meter oder mehr. In Richtung Straße sollte er sich dann bis auf mindestens 120 cm verjüngen, um nicht in Dominanz zum Haus zu stehen. Ein direkter Weg zum Haus bietet sich dann an, wenn der Abstand Straße/Hauseingang sehr klein ist, oder wenn man ein bestimmtes Ziel damit erreichen möchte, beispielsweise um den Blick auf eine rustikale Tür, ein Kunstwerk vor dem Eingang oder eine exotische Pflanze zu lenken.

Der seitliche Eingangsweg kann in der Gestaltung wesentlich freier und damit geschickter geplant werden. Er ist vom Haus unabhängig, führt durch verschiedene Gartenthemen, wie Pflanzung, Pergola, Hochbeet und kleinere Tümpel, und wird entsprechend der Eingangshöhe durch einzelne Stufen unterbrochen. Er lädt zum Betrachten des Vorgartens und des Hauses ein und stellt eine bauliche Einheit für sich dar.

Die Ausgestaltung des Eingangsweges ist außerdem von den Darstellungsgewohnheiten des Bewohners abhängig. Möchte er es schlicht und einfach haben – den Zugang zum Haus als eine Art Notwendigkeit betrachten –, mag er es pompös oder gar extravagant, oder möchte er es einfach nur dekorativ verspielt und anheimelnd haben? Voraussetzungen für die Gestaltung sind eine genügend große Eingangsfläche und die Übereinstimmung der Relationen zwischen Haus und Vorgarten. Die vom Weg durch seine bauliche Aufwertung aufgebaute Spannung muß jedoch immer in Harmonie zum Gebäude stehen und darf nicht aufgesetzt wirken.

Was ist unter der eben genannten „baulichen Aufwertung" konkret zu verstehen? Je nach Form und Gestaltung des Weges in Tiefe und Breite kann er beispielsweise in der Mitte geteilt, um eine Solitärpflanze, eine Skulptur oder einen kleinen Springbrunnen führen. Diese Elemente dienen als perspektivischer Blickfang in einer fast ausschließlich geradlinig, eventuell auch symmetrisch angelegten Wegeführung und steigern die Erwartung und Neugier des Besuchers auf das Kommende. Als Solitärpflanzen sollten säulenförmige (z. B. Säulenkirsche/ *Prunus serrulata* 'Amanogawa') oder kugelförmige (z. B. Kugelahorn/

Oben links:
In diesem Fall wurde die aufgebaute Spannung durch die Konstruktion des Bogens zum Haus hin zerstört. Er wirkt irritierend.
Oben rechts:
„Ornamente" – Spiegelbilder der Gartenkunst.
Unten links:
Kreativ gestalteter Vorplatz.
Unten rechts:
Großzügige Natursteinflächen zur individuellen Nutzung.

Acer platanoides 'Globosum') Formen gewählt werden, als Solitärstrauch könnte eine Felsenbirne (*Amelanchier lamarckii*) gepflanzt werden. Auch eine kleine Stauden- oder Rosenfläche kann eine farbliche Bereicherung sein.

Bei Skulpturen (hier sollte man seine Wahl sehr kritisch treffen), kleineren Wasserspielen (Springbrunnen, bepflanzte Wasserkübel) oder Brunnenaufbauten (z. B. Wechselmauerwerk aus rotem Neckartäler Sandstein) muß nicht unbedingt der Mittelpunkt einer Wegefläche ausgesucht werden. Hier kann auch, je nach Gestaltungselement, eine seitliche Versetzung stattfinden, wodurch der Blick zum Eingang freigehalten wird. Auf diese Weise wird der einzelne bauliche Bereich annähernd in eine Dreiecksform gegliedert. Die Skulptur hat Verbindung zum Weg und zum weiteren Vorgarten und wirkt dennoch zwischen Hauseingang und Straßenbereich unterbrechend.

Ein weiterer Höhepunkt kann durch die Trennung bzw. direkte Unterbrechung eines Weges geschaffen werden. So hat z. B. ein „zufällig" den Weg schneidender Wasserlauf aus einem kleinen Brunnen nicht nur gestalterische Wirkung, sondern bringt zusätzlich eine natürliche Belebung.

Für großzügig angelegte Vorgärten eignen sich auch terrassenähnliche **Vorplätze**, die mit verschiedenen Bauteilen, wie PKW-Stellflächen, raumbildenden Pflanzungen (z. B. durch Hecken oder Rabatten), aber auch punktuellen Auflockerungen im Natursteinpflaster, ausgestaltet werden können. Gerade bei Vorplätzen sind die Gestaltungsmöglichkeiten sehr zahlreich, doch immer sorgfältig zu planen. Jeder individuelle Charakter kann geschaffen, jedes noch so ausgefallene gestalterische Element eingeplant und mit den einzelnen detaillierten Themenbereichen abgestimmt und kombiniert werden – der Phantasie sind kaum Grenzen gesetzt.

Hauszufahrten, Garageneinfahrten, Garagenhöfe und Einstellflächen

Sie unterliegen besonderen statischen Werten. Entsprechend Belastung oder Nutzungsform müssen die jeweiligen, dafür vorgesehenen, speziellen Tragschichten eingesetzt werden. Wichtig sind ein stabiler Untergrund, der eventuell auch verbessert und verdichtet werden kann, und eine angemessene, gut verzahnte Tragschicht, in der sich belastende Fahrspuren und Standspuren auffangen und nicht bis zum Untergrund abgegeben werden. Das heißt, es dürfen sowohl im Oberbaubelag (Natursteinpflaster) als auch in der Tragschicht keine Verformungen, die bis in den Untergrund reichen, stattfinden.

Bei der Herstellung dieser Flächen muß sehr genau gearbeitet werden, wobei auch die zu erwartenden Fahrzeugbreiten zu berücksichtigen sind. So sollte man bei einem PKW großzügig von einer Breite von 1,50 bis 1,85 m ausgehen, was wiederum eine Fahrspur- und

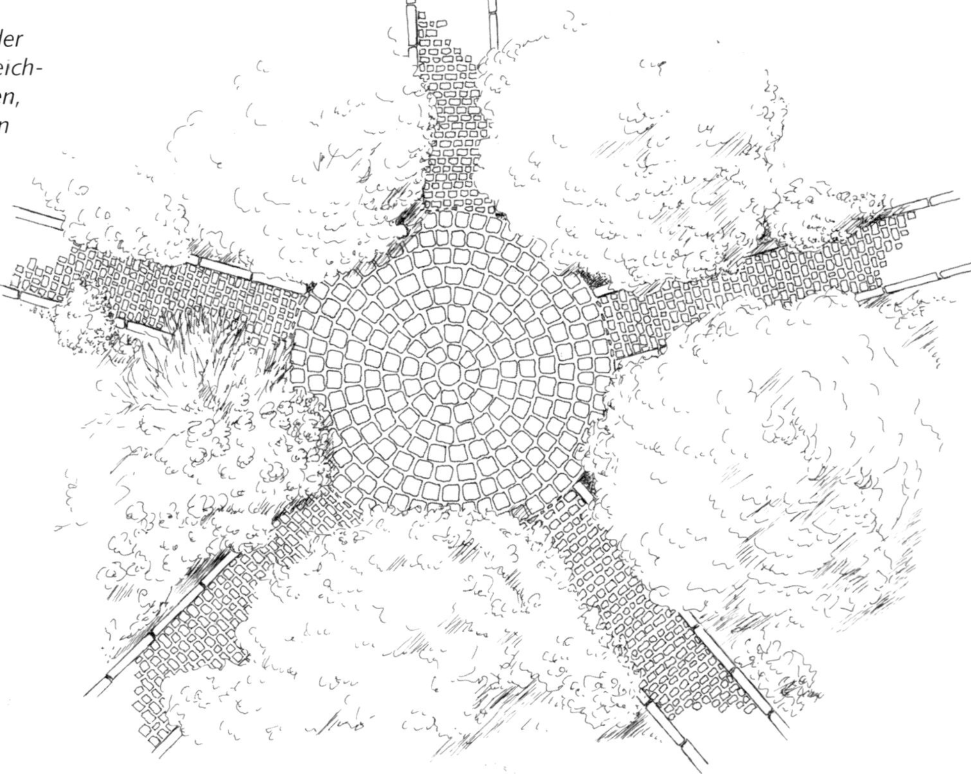

Abb.5.
In der Mitte eines Platzes, der durch seine Kreise gekennzeichnet ist, kann man sich treffen, aus der Mitte heraus können alle Wege neu eingeschlagen werden.

Oben links: Garageneinfahrt.
Oben rechts: Garageneinfahrt mit kreisförmiger Auflösung.
Links: Einstellflächen.

Stellplatzbreite von etwa 2,30 bis 3,50 m bedingt. Noch nicht eingerechnet ist dabei der unterschiedliche Wenderadius, der beim Einparken oder Abbiegen für einen größeren Flächenbedarf sorgt. So beträgt eine Normalstellfläche für einen PKW (Kleinwagen), inclusive der an allen Seiten des Fahrzeuges benötigten Sicherheitsabstände, 5,00 m × 1,80 m = 9,00 m², für einen PKW (Großwagen) 6,00 m × 2,10 m = 12,60 m².

Teil 2

Pflasterarbeiten – Schritt für Schritt

Planung bis Durchführung

Planung und Vorbereitung der Pflasterflächen

Eine gute Vorbereitung der Flächen ist die wesentliche Voraussetzung für das sachgemäße Verlegen von Natursteinpflaster.

Dabei stellt sich zuerst die Frage, **welcher Bauteil geplant ist**. Handelt es sich um eine Terrasse, einen Hauseingang oder eine Garageneinfahrt, einen Gartenweg oder Grillplatz oder einen phantasievoll mit verschiedenen Höhen, Formen und Mustern gestalteten Vorplatz?

Das nächste Kriterium für die Planung ist **der Oberbau**. Wie stark wird die Fläche belastet? Welche Materialien müssen für die Stabilität eingebaut werden, in welcher Zusammensetzung und in welchen Stärken? Es wäre wenig sinnvoll, wenn für einen kleinen Gartenweg ein Aufbau eingebracht wird, der für den Schwerlastverkehr ausreichend wäre.

Ein weiteres Kriterium ist **der vorhandene Untergrund**. Kann darauf aufgebaut werden? Ist er tragfähig genug, muß er verbessert, verdichtet oder gar ausgetauscht werden? Handelt es sich um einen „gewachsenen“ Boden, der von seiner Festigkeit her schon jahrelang ansteht, oder hat man es mit einer An- bzw. Aufschüttung zu tun, die – da falsch eingebracht – nach kurzer Zeit schon Absackungen und Einbrüche zeigt? Oder ist es vielleicht sogar notwendig, daß, z. B. bei einer Terrasse, eine „schwimmende“ Betonplatte gegossen werden muß?

Wie sieht es außerdem mit der **Umrandung** aus? Muß diese vorbereitet werden oder ist sie eventuell bauseits schon vorhanden, beispielsweise in Form von Wegeeinfassungen, Pflanzflächen oder Pflanzbeeten, Mauerabgrenzungen und vielen anderen Gegebenheiten.

Ein weiterer wichtiger Punkt ist die **Festlegung der Höhen**. Man muß sich bereits im Vorfeld sehr genau überlegen, wie die Flächen oder Wege verlaufen. Gegebene Höhen sind zu berücksichtigen oder je nach Neuplanung und anderweitigen Gestaltungsvorstellungen passend zu gestalten. Höhenfestpunkte und/oder Höheneckpunkte einer Fläche können mit dem Nivelliergerät gesichert werden. Zwischenpunkte werden mit einer Wiegelatte oder Wasserwaage übertragen. Letztendlich sind die Genauigkeit in der Ebenheit einer Fläche inclusive des Gefälles plus dem gestalterischen Moment für die Gesamtoptik von größter Bedeutung.

Zuletzt wird entschieden, in welchen **Materialien** das Natursteinpflaster verlegt werden soll. Reicht eine einfache Rheinsandverlegung oder wird der etwas festere Basaltsplitt gewünscht? Genügt eine Trockenmörtelmischung oder soll direkt in eine Mörtelmischung gesetzt werden? Bei der Entscheidungsfindung spielen oft Vorkommen, Anfahrtsweg und Preis sowie Ausschreibungen eine große Rolle.

Bei der Vorbereitung einer ordnungsgemäßen Pflasterung müssen allgemein folgende Punkte beachtet werden:
- Höhenmessung
- Einplanung der Gegebenheiten
- Aushub
- Untergrund
- Aufbau des Oberbaues
- Verdichtung
- Tragfähigkeit der Pflasterfläche
- Entwässerung
- Material für das Setzen des Pflasters

Höhenmessung

Der weitere Ablauf der Vorbereitungen zum Pflastern wird von den vorhandenen Gegebenheiten bestimmt. Bei Terrassen, Vorplätzen und Garagenhöfen ist die Festlegung der Höhen besonders wichtig, weil hier das Ableiten von anfallendem Regenwasser das wesentlichste Problem darstellt.

Die Höhenmessungen werden entweder mit dem Nivelliergerät oder mit einer Wiegelatte durchgeführt.

Das Nivelliergerät wird eingesetzt, wenn Oberflächenstrukturen gestalterisch verändert werden oder bei Neuanlagen vorhandenes Gelände mit eingeplant oder auf ein neues Niveau gebracht werden muß. Dazu erstellt man ein Höhennivellement, in welchem alle markanten Punkte der zu konstruierenden Natursteinpflasterflächen festgelegt, miteinander verglichen und – je nach gestalterischer Form – auf die richtige Einbauebene übertragen werden.

Nivellement.

Neben dem Nivelliergerät wird eine 4,00 m lange Meßlatte benötigt, von der auf den vorgeplanten Begrenzungspunkten der baulichen Gegebenheit die Höhenwerte abgelesen werden. Auf diese Weise können vom Haus führende Gefälle sofort eingemessen werden, Höhen in waagerechter Linie über größere Entfernungen übertragen und Geländeeinschnitte mit verschiedenen Gefälleaufbauten konstruiert werden.

Kleinere Entfernungen, wie Wegebreiten, Kleinterrassen und andere kleinere Bauteile, können mit einer Wiegelatte, einer Wasserwaage und einem Gliedermaßstab (Zollstock) festgelegt oder übertragen werden.

Es werden jedoch nicht nur die Höhen für den Belag festgelegt, sondern für den gesamten konstruktiven Aufbau der Baulichkeiten. Das heißt, der Untergrund, der Aufbau des Oberbaues und die wasserführenden Elemente werden mit ihren Anfangs- und Endhöhen genauestens eingemessen und sind für den Gesamtaufbau von planerischer, statischer und gesamtkonzeptioneller Bedeutung.

Ziele der Höhenmessung:
- Individueller Aufbau von Terrassen, Wegen, Einfahrten, Garagenflächen und Stellplätzen
- Festlegung von Höheneckpunkten
- Aufbau des Untergrundes und des Planums
- Aufbau der Oberbauschichten
- Festlegung des Gefälles
- Erfassen der Gesamtentwässerung
- Übertragen von Höhen bei Wegen
- Finden von Schnurhöhen bei der Pflasterung

Aushub

Eigentlich wäre es einfach zu sagen, Terrassen und Wege werden auf den anstehenden Flächen aufgebaut. Doch in manchen Fällen ist es ratsam, den anstehenden Boden gegen eine stabile Tragschicht auszutauschen. Der dabei anfallende Aushub muß entsprechend entsorgt werden. Manchmal sind auch ganze Flächen abzutragen (Sanduntergrund) oder Wege auszukoffern, um eine sichere Stabilität und eine nach der VOB ausgewiesene Gewährleistung zu ermöglichen.

Um zu klären, wann ein Aushub angebracht ist, können Belastungsversuche oder Bodenanalysen erstellt werden. In Zweifelsfällen sollte der Plattendruckversuch durchgeführt werden. Dabei wird mit Hilfe eines schweren LKW's eine Platte auf das Planum gepreßt. Der aufgewandte Druck und die Setzung der Platte werden genauestens gemessen. Aus den ermittelten Werten kann die Verformbarkeit des Planums errechnet werden. Diesen Wert nennt man Ev2-Wert, das Verformungsmodul. Er beträgt z. B. beim Sportplatzbau – dessen Werte auch für Terrassen und Wege genutzt werden können – bei bindigen Böden 20 N/mm^2. Wird dieser Wert bei einer Prüfung nicht erreicht, muß das Planum bzw. der Untergrund verbessert werden.

Mit dem sogenannten Proctorversuch kann die Proctordichte ermittelt werden. Hierbei handelt es sich um einen Laborversuch, bei dem das Maß der Verdichtung eines Bodens gemessen wird. Dabei wird das Gewicht des trockenen Bodens, bezogen auf den Rauminhalt, zugrunde gelegt. Bei diesem Test werden mehrere Proben des Bodens nach einem genau festgelegten Verfahren verdichtet, getrocknet und anschließend gewogen. Man erhält so das Trockenraumgewicht und nimmt dies als Maß der Verdichtung. Die Probe mit dem höchsten Gewicht ist am stärksten verdichtet. Für eine ausreichende Verdichtung wird 97 % der Proctordichte verlangt. Nach dem Herstellen des Planums kann diese Verdichtung durch die Entnahme einer ungestörten Bodenprobe mittels eines Stechzylinders überprüft werden. Die Probe wird getrocknet und mit dem Trockenraumgewicht der im Labor ermittelten Probe verglichen. Das Gewicht muß dem des Laborversuchs entsprechen.

Fällt das Ergebnis negativ aus, sind ein Aushub und Austausch der unzureichenden Bodenstruktur unerläßlich.

Aufbau des Oberbaues

Bevor Erläuterungen zu den einzelnen Elementen des Oberbaues erfolgen, sollen zunächst die wichtigsten Fachbegriffe im Überblick dargestellt werden.

Untergrund: Meist anstehender, gewachsener Boden; auf eine Ebene ausgeglichen und verdichtet.
Unterbau: Verbesserter Untergrund, nachträglich aufgefüllt; auf eine Ebene ausgeglichen und verdichtet (unbedingt erforderlich).
Planum: Wasserführende Ebene, trennt Unter- und Oberbau; Ebenflächigkeit 2 cm auf 4-m-Latte, Gefälle vorab mit eingebaut; genaue Überprüfung durch Nivellement an verschiedenen Punkten oder mit einer 5,00 m langen Wiegelatte. Planum wird auch Koffersohle genannt.
Oberbau: Unter diesem Begriff sind alle ab dem Planum aufgebauten Schichten zusammengefaßt.
Frostschutzschicht: Verhindert das Aufsteigen von Kapillarwasser in den weiteren Oberbaubereich, Kiessand- oder Splittsandgemische der Körnung 0/32, weitere aufeinander abgestimmte Funktionen sind die als **Dränschicht** zur Aufnahme von Wasser aus der Tragschicht und Ableitung über das Planum sowie als **Sauberkeitsschicht** zur Verhinderung der Zerstörung des Planums durch Eindringen der Tragschicht in den Unterbau. Der Wasserabfluß wäre sonst behindert.
Tragschicht: Dient der Aufnahme der Verkehrslast, Mineralgemisch oder Mineralbeton genannt; entspricht einem Schottergemisch (Schotter/Brechsand) der Körnung 0/32, 0/45, 0/56. Um einer Entmischung vorzubeugen, erdfeucht einbauen, Schotter ohne Sandanteile bei extremer Wasserdurchlässigkeit, Verdichtungsfaktor des Schotters 1,3. Betontragschicht, wenn beispielsweise Mosaikpflaster die Belastung nicht aushält und Verformungen vorhersehbar sind.
Ausgleichsschicht: Ausgleich zwischen Wegedecke und Tragschicht, kann aus Brechsand, Basaltsplitt und Zementmörtel bestehen; ihre Höhe richtet sich nach der Größe des Natursteinpflasters und beträgt zwischen 3 und 8 cm.

Die Abstimmung zwischen Unterbau und Oberbau sowie der ordnungsgemäße Aufbau beider sind von größter Bedeutung für die Dauerhaftigkeit der Pflasterung.

Im **Unterbau** vereinen sich der Untergrund, also der schon anstehende, gewachsene Boden und der durch Zugabe von geeigneten Materialien (z. B. Füllmaterialien) verbesserte Untergrund. Für die Qualität des Unterbaues hat auch die Verdichtung größte Bedeutung. Sie sollte grundsätzlich lagenweise erfolgen, alle 20 bis 30 cm, und nicht aus einer einzigen, oberflächlichen Komplettverdichtung bestehen. Die Folgen einer unsachgemäßen Verdichtung sind nach mehreren Regenfällen sehr schnell festzustellen, wenn die Füllmaterialien beginnen, ineinander zu sacken, der Unterbau nachgibt und Unebenheiten bis hin zu „Bodensenkungen“ in den Terrassen- und Wegedecken ihre Spuren hinterlassen.

Das **Planum** liegt zwischen Unter- und Oberbau und ist die sogenannte „wasserführende“ Schicht. Es leitet das meiste Wasser, welches vom Unterbau/Untergrund nicht aufgenommen werden kann, über die Ebenflächigkeit des Unterbaues ab. Es läuft parallel zur Wege- oder Flächendecke, wobei das Gefälle mit einer Genauigkeit von ±2 cm Abweichung von der Sollhöhe gleich dem der Deckschicht ist.

Der **Oberbau** besteht aus vier verschiedenen Schichten:
- Drän- oder Frostschutzschicht,
- Tragschicht,
- Ausgleichsschicht und
- Pflasterbelag.

Ganz unten befindet sich die **Drän- oder Frostschutzschicht** mit mehreren sich ergänzenden Funktionen und daher auch unterschiedlichen Benennungen. Als Dränschicht soll sie Wasser aus der Tragschicht aufnehmen und ableiten, als Frostschutzschicht verhindern, daß Kapillarwasser in die Oberbauschichten aufsteigen kann und als Sauberkeitsschicht schützt sie den Unterbau vor zu groben Schotterteilen aus der Tragschicht und verhindert somit die Zerstörung des Planums.

Das Material der Drän- bzw. Frostschutzschicht darf keine Kapillarität aufweisen und muß wasserdurchlässig sein. Dafür eignen sich Kiessand- oder Splittsandgemische der Körnung 0/32. Die Mindesteinbaustärke beträgt 10 cm, wobei dies von der Beschaffenheit des Untergrundes abhängt. Ist dieser durchlässig und kiesig, kann die Frostschutzschicht entfallen. Bei sehr ungünstigen Verhältnissen können dagegen auch stärkere Schichten erforderlich sein. Das Material wird fast ausschließlich mit einer Lade- oder Planierraupe eingebaut. Bei kleinen Flächen kann auch ein Bobcat und/oder die Schaufel zum Einsatz gelangen. Dabei ist es auch wichtig zu wissen, mit welchem Faktor sich ein Kiessandgemisch verdichten läßt. In diesem Fall beträgt er 1,3. Daß heißt, soll eine verdichtete Schichtstärke von 10 cm erreicht werden, muß 1,3mal soviel auf die Fläche aufgebracht werden, also insgesamt 13 cm. Mit einer Rüttelplatte oder Vibrationswalze wird die gesamte Schicht anschließend auf die Endhöhe von 10 cm verdichtet.

Als nächstes folgt die Tragschicht, die, wie der Name schon sagt, die Verkehrslast trägt und verteilt. Sie besteht in der Regel aus Schottergemischen der Körnung 0/32 oder 0/45, bei stark belasteten Parkplätzen 0/56. Hierbei handelt es sich um Mischungen unterschiedlicher Korngröße aus Schotter (Stützkorn) mit Brech- oder Flußsand (feineres Füllkorn). Diese Mischung muß unbedingt erdfeucht eingebaut werden, da sie sich sonst leicht entmischen kann und die Tragfähigkeit nicht mehr gewährleistet wäre. Das Material wird, wie bei der Frostschutzschicht, eingebaut. Allerdings beträgt der Verdichtungsfaktor bei der Tragschicht 1,5.

Anschließend wird nochmals mit dynamisch wirkenden Verdichtungsgeräten verdichtet, so daß die Tragschicht sich auch beim Überfahren mit einem LKW nicht oder nur unwesentlich verformt. Die Einbaugenauigkeit liegt bei ±2 cm.

Unter dem Natursteinpflasterbelag befindet sich die sogenannte **Ausgleichsschicht**. Sie bildet den Ausgleich bzw. die Verbindung zwischen der Tragschicht und der Wege- oder Flächendecke. Materialien hierfür sind hauptsächlich:

- Sand der Körnung 0/2 bis 0/4,
- Splitt 1/3 bis 2/5 oder ein
- Brechsand-Splitt-Gemisch der Körnung 0/5 sowie mit trockener oder feuchter Mörtelmischung im Verhältnis 1 : 3 bis 1 : 5 oder
- eine speziell angefertigte „schwimmende" Betonplatte (Betontragschicht).

Die zweckmäßige Auswahl der jeweiligen Materialien, Einbauhöhen, arbeitstechnischen Vorgänge und die Abstimmung aller gestalterischen Elemente sind die Voraussetzungen für das Erstellen einer ordnungsgemäßen Pflasterfläche.

Tragfähigkeit der Pflasterflächen

Nachfolgend soll anhand von Skizzen der konkrete Aufbau der Pflasterflächen für unterschiedliche Belastungsanforderungen von Pflasterflächen verdeutlicht werden. Vorausgesetzt werden ein statisch verdichteter, äußerst tragfähiger Untergrund sowie ein ebenflächiges Planum mit einem eventuell vorab eingebauten Gefälle. Aus diesem Grund sind in den Skizzen nur der Oberbau und die Deckschicht (Belag) dargestellt.

Gartenwege, Eingangsbereiche, Terrassen oder Vorplätze, die nicht belastet bzw. befahren werden, kommen meist mit einem einfachen Aufbau aus. Eine spezielle Tragschicht ist hierbei nicht notwendig. Der Gesamtoberbau beträgt etwa 20 bis 25 cm.

Gelegentlich befahrene Gartenwege, Eingangsbereiche und Vorplätze erhalten für diese Art der Belastung eine kleinere Tragschicht. Der Gesamtaufbau des Oberbaues beträgt zwischen 30 und 35 cm.

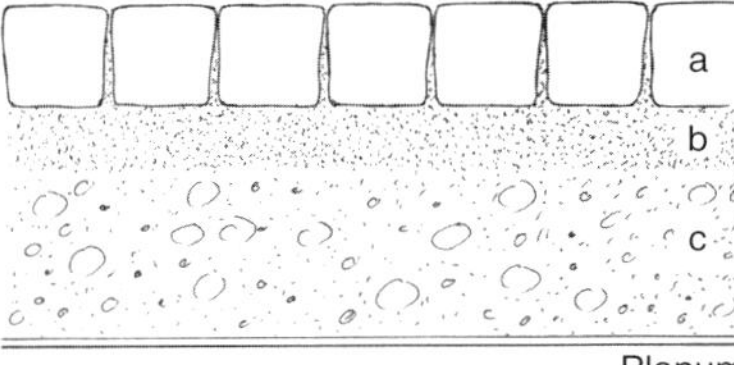

Abb. 6.
Oberbau für Gartenwege, Eingangsbereiche, Terrassen u. ä., die nicht belastet bzw. befahren werden.
a) Deckschicht, 6 cm Mosaikpflaster Porphyr 60/60
b) Ausgleichsschicht, 4 cm Natursand 0/2 oder Brechsand-Splitt-Gemisch 0/5
c) Tragschicht/Frostschutzschicht, 10 cm Kiessand 0/32.

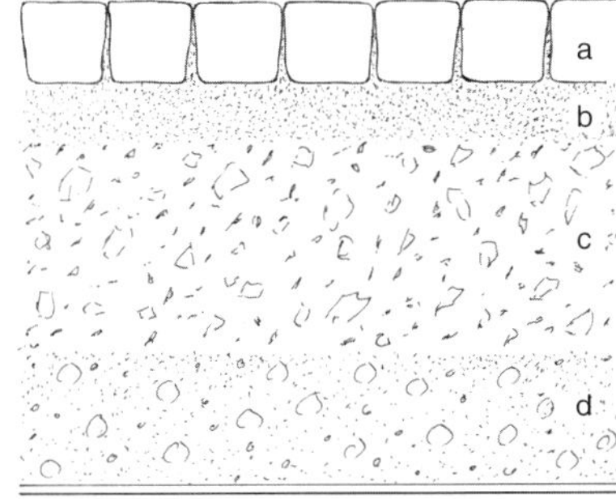

Abb. 7.
Oberbau für gelegentlich befahrene Gartenwege, Eingangsbereiche und Vorplätze.
a) Deckschicht, 6 cm Mosaikpflaster Porphyr 60/60
b) Ausgleichsschicht, 4 cm Natursand 0/2 oder Brechsand-Splitt-Gemisch 0/5
c) Tragschicht, 15 cm Mineralgemisch 0/32
d) Frostschutzschicht, 10 cm Kiessand 0/32.

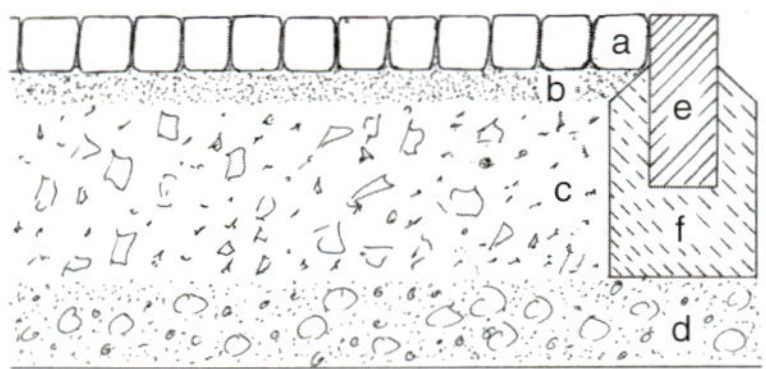

Abb. 8.
Oberbau für Pflasterflächen, die einer Belastung durch Personenkraftwagen und leichtere Lastkraftwagen ausgesetzt sind.
a) Belag, 6 cm Mosaikpflaster Porphyr 60/60
b) Ausgleichsschicht, 4 cm Splitt 2/5 oder Brechsand-Splitt-Gemisch 0/5
c) Tragschicht, 20 cm Mineralgemisch 0/32
d) Frostschutzschicht, 10 cm Kiessand 0/32
e) Kantenstein 8/20/100
f) Beton B 15.

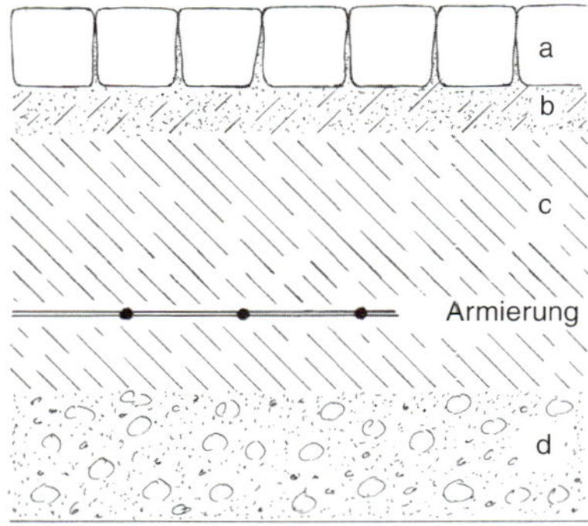

Abb. 9.
Oberbau für Natursteinpflaster auf Beton.
a) Deckschicht, 6 cm Mosaikpflaster Porphyr 60/60
b) Ausgleichsschicht, 4 cm Zementmörtelmischung 1 : 3 bis 1 : 5
c) Tragschicht, 10 bis 12 cm Beton (B 25) mit Armierung (Q 131)
d) Frostschutzschicht, 10 cm Kiessand 0/32.

Pflasterflächen, die einer Belastung durch Personenkraftwagen oder leichtere Lastkraftwagen ausgesetzt sind, wie z. B. Stellflächen in Vorgärten, Einfahrten, Zufahrten zu Garagen sowie Garagenplätze, müssen für den leichten Verkehr belastbar gestaltet werden.

Hier beträgt die Gesamtaufbauhöhe des Oberbaues etwa 40 bis 45 cm.

Wenn Natursteinpflaster für Terrassen oder leicht befahrene Garten- und Eingangswege auf Beton (B 25) verlegt wird, ergibt sich ein wesentlich größerer Halt. Je nach Belastung beträgt die Betonhöhe zwischen 10 und 12 cm (mit Armierung). Der Gesamtaufbau umfaßt daher entsprechend der Pflastersteingröße etwa 30 bis 40 cm.

Umrandungen, seitliche Begrenzungen, Einfassungen

Mit diesen Bezeichnungen werden die wichtigsten Faktoren für eine gelungene Verlegung von Natursteinpflaster aufgezeigt. Ohne eine seitliche Befestigung würden die Pflastersteine nach außen wandern oder sich am Rand absenken.

Wenn Gartenwege und Terrassen gar nicht bzw. kaum belastet werden, kann bereits eine Verbreiterung des Unterbaues oder der Frostschutzschicht als „Befestigung" ausreichen. Um jedoch ganz sicher zu gehen, sollte man sich auch in diesem Fall für einen „gewachsenen" Naturkantenstein entscheiden. Ein solcher gewachsener Kantenstein hat den Vorteil, daß bei aufgerichteten Lagern eine sehr starke Verwitterung oder Aufbrüche durch einfließendes Wasser in Verbindung mit Frost vermieden werden können.

Die Abmessungen eines Kantensteines betragen im Normalfall 8 × 20 × 100 cm, d. h. er ist 8 cm dick, 20 cm hoch und 100 cm lang, wobei auch abweichende Größen im Baustoffhandel erhältlich sind. Kantensteine werden üblicherweise in Beton gesetzt. Dazu werden zuerst die Höhen eingemessen, anschließend die zum Einbau des Kantensteins benötigten Schichten eingebaut und verdichtet, und danach wird eine Schnur mit dem notwendigen Gefälle in der entsprechenden Endhöhe gespannt. An dieser Schnur kann dann der Kantenstein ausgerichtet werden. Dabei wird der Beton zunächst an den Endpunkten des Steines, den Stößen, angebracht, um ein genaues Einrücken und Ausrichten des Steines zu ermöglichen, erst dann wird der restliche Bereich mit Beton angefüllt und bei Bedarf mit einem Betonkeil oder Betonstuhl versehen. Meist stützt dieser Kantenstein den Wege- bzw. Terrassenbelag, die Ausgleichsschicht sowie einen Teil der Tragschicht. Es muß jedoch unbedingt darauf geachtet werden, daß das über die Dränschicht und das Planum abfließende Wasser nicht durch den Kantenstein bzw. Beton gestoppt wird. Außerdem sollte man darauf achten, daß die Dränschicht unter der Wegebegrenzung austreten kann.

Bei Terrassen, die häufig ein tieferes Streifenfundament erfordern, hat es sich als günstig erwiesen, den Wasserablauf mit Dränrohren zu gewährleisten.

Bei Läuferschichten (seitliche Begrenzungen) aus Natursteinpflaster bietet sich die Verwendung von Großpflaster an, welches der Fläche oder dem Weg einen stattlichen Rahmen verleiht. Außerdem ist es wesentlich stabiler gegenüber Druckbelastung als beispielsweise Kleinpflaster.

Arbeitstechnisch wird die Läuferreihe wie ein Naturkantenstein gesetzt. Zuerst wird ein Betonbett erstellt, danach werden die einzelnen Steine nach dem vorher bestimmten Gefälle an einer Schnur entlang direkt in das Betonbett gesetzt und mit einem Keil oder Stuhl versehen. Alle anderen aus Beton bestehenden Materialien, wie Pflastersteine, Winkelsteine/L-Steine sowie Bord- und Kantensteine sollten im Rahmen eines Natursteinpflasterbelages aus gestalterischen und optischen Gründen nicht unbedingt Verwendung finden, auch wenn der Kostenfaktor bei Natursteinumrandungen wesentlich größer sein kann.

Verdichtung

Das Verdichten von Bauteilen ist ein für das Endergebnis sehr wesentlicher Arbeitsgang. Nur gut verdichtete Unter- und Oberbaubereiche garantieren eine dauerhafte und stabile Terrassen- oder Wegefläche.

Bei starken oder übermäßigen Aufschüttungen sollte, wie bereits erwähnt, etwa alle 30 cm lagenweise verdichtet werden, um eine gleichbleibende, tragfähige, keine Setzungen aufweisende Fläche zu erhalten.

Der Verdichtungsgrad für die weiteren Aufbauschichten ist im wesentlichen vom Planum abhängig. Gerade hier können die Weichen für eine einheitliche, gute und tragfähige Schicht gestellt werden. Die Tragfähigkeit des Planums kann durch Überfahren mit Geräten oder Fahrzeugen, deren Gewicht der späteren Nutzung entspricht, überprüft werden. Wenn das Planum dieser Prüfung standhält, keine Abweichungen oder nur geringe Risse zeigt, ist es ausreichend tragfähig. Weicht der Boden auf oder wirkt er schwammig oder schwankend, muß dieser Zustand durch zusätzliche Maßnahmen verbessert werden.

Hauptursache für die ungenügende Verdichtung eines Bodens ist ein zu hoher Wassergehalt. Mit Wasser gefüllte Hohlräume lassen den Boden weich oder breiig bis hin zu schlammig werden. So verliert er seine Scherfestigkeit und weicht seitlich aus. Die Verdichtungsgeräte sinken ein, und es gibt keine Verfestigung.

Maßnahmen gegen einen zu hohen Wassergehalt im Boden:
- Wasser von der Fläche fernhalten,
- trockenes Material zugeben (z. B. Schotter),
- die vernäßte Bodenschicht entfernen und durch trockenes Material ersetzen (bindigen Boden einbringen),
- Stabilisierung des Bodens mit Kalk.

Zur Stabilisierung des Bodens muß Branntkalk verwendet werden, der eine sehr stark wasserbindende Eigenschaft hat. Die aufzuwendende Kalkmenge ist vom Zustand des Bodens abhängig. Die Angaben für die entsprechenden Aufwandsmengen schwanken von 2 bis 10 kg/m². In der Praxis kann die Aufwandsmenge durch einen Versuch ermittelt werden.

Ermittlung der für die Stabilisierung des Bodens notwendigen Menge an Branntkalk:
- einen Sack Branntkalk (40 kg) auf 20 m²,
- einen Sack Branntkalk(40 kg) auf 10 m² und
- einen Sack Branntkalk (40 kg) auf 5 m² geben .

Dann wird der Kalk je nach Bodenzustand mit einer starken Fräse, einem Grubber oder mit dem Aufreißhaken an der Raupe eingearbeitet und mit dem Boden vermischt. Anschließend wird verdichtet und geprüft, welche Variante am erfolgreichsten ist.

Die Menge, die eine ausreichende Verdichtung des Bodens erlaubt, wird dann auf der gesamten Fläche angewandt.

Eine letzte Möglichkeit besteht darin, abzuwarten bis die Fläche abgetrocknet ist.

In den meisten Hausgärten wird dies jedoch nur in den seltensten Fällen notwendig sein. Hier wird eher der Fall eintreten, daß in unmittelbarer Nähe der Häuser, gerade dort, wo die Terrasse entstehen soll, Aufschüttungen mit Bauschutt trotz Verdichtung ein nachträgliches Absacken fast unvermeidbar machen.

Deshalb werden nachfolgend Geräte genannt, mit denen der Untergrund und auch die Tragschichten verdichtet werden können.

Allgemein wird dabei zwischen **statischer Verdichtung** mittels Walzen, die hauptsächlich durch ihr Gewicht wirken und auf bindigen Böden zum Einsatz kommen, und **dynamischer Verdichtung** durch Geräte, die rütteln oder stampfen und für nichtbindige Materialien geeignet sind, unterschieden.

Statisch wirkende Geräte:
- Glattradwalze als Einachser gezogen oder selbstfahrend als Dreirad- oder Tandemwalze. Gewichtserhöhung durch Wasserfüllung. Wirksame Verdichtung bis in 20 cm Tiefe.
- Schaffußwalze wirkt durch ihre Nocken (Schaffüße) knetend. Wird an Planierraupe angehängt. Für große Flächen auf bindigen Böden einsetzbar. Wirksame Verdichtung bis in 30 cm Tiefe.

Dynamisch wirkende Geräte (für unsere Vorhaben bestens geeignet):
- Vibrationswalze, selbstfahrend oder handgeführt, ein- und zweiachsig mit hoher Schwingungszahl (1 800 bis 4 500 U/min). Für Trag- und Deckschichteneinbau im Terrassen- und Wegebau bestens geeignet. Wirksame Verdichtung je nach Größe der Walze bis zu einer Tiefe von 20 bis 40 cm.
- Rüttelplatte/Vibrationsplatte, handgeführtes Gerät mit hoher Schwingungszahl zum Verdichten von Boden und Tragschichten. Leichtere Geräte zum Abrütteln von Natursteinpflasterungen geeignet. Verdichtung wirkt tiefer als bei der Vibrationswalze, je nach Größe 20 bis 60 cm.
- Explosionsramme, stampfende, knetende Verdichtung (etwa 50 bis 80 Schläge/min), auch für bindige Böden geeignet. Wirkt bis 50 cm tief.
- Rüttelstampfer, motorgetriebenes Kurbel-Feder-System mit 200 bis 800 Schlägen/min, für kleine Flächen und Gräben. Verdichtungstiefe auf bindigen Böden 20 cm, Sand und Kies bis 40 cm.

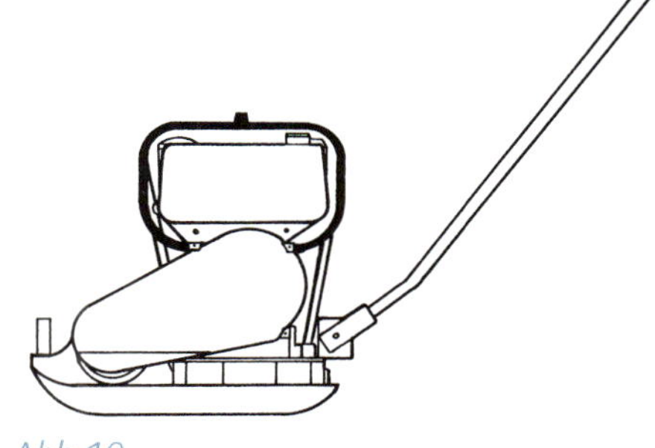

Abb.10.
Rüttelplatte.

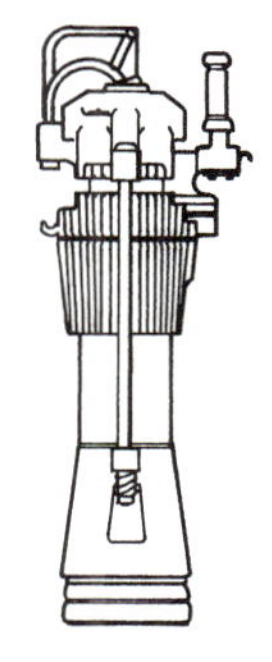

Abb.11.
Explosionsramme.

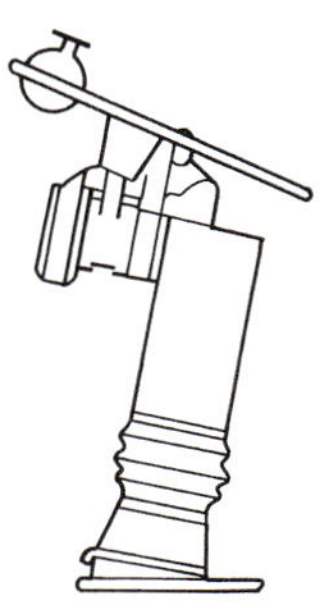

Abb.12.
Rüttelstampfer.

Entwässerung

Anfallendes Regen- oder Schmelzwasser muß, um keine Schäden, wie Frostaufbrüche, Ausspülungen der Tragschicht und anderes, zu verursachen, abgeführt werden. Die einfachste Methode besteht dabei im durchlässigen Aufbau von Wegen und Terrassen.

Das Oberflächenwasser wird dafür einerseits durch das vorgegebene Gefälle seitlich abgeführt, zum anderen durch die Fugen der Pflasterung und die Ausgleichsschicht der Dränschicht zugeführt und entweder als Sickerwasser durch den Untergrund oder über das Planum entsorgt. Bei Gartenwegen und Hausterrassen ist dieser Vorgang einfach zu realisieren, da meist Abflußmöglichkeiten in den Garten- oder Erdbereich, in die Pflanz- und Rasenflächen oder in sandigen, durchlässigen, anstehenden Boden vorhanden sind.

Es sollte allerdings darauf geachtet werden, daß kein Wasser zum Nachbarn oder auf öffentliche Wege geleitet wird. Kann dies bei Einfahrten, Garagenzufahrten, Garagen- und Stellplätzen oder großen Terrassen nicht garantiert werden, müssen Entwässerungseinrichtungen gebaut werden. Diese Einrichtungen sind bei der Planung mit dem vorhandenen oder konstruierten Gefälle abzustimmen. So sollte eine Ablaufrinne immer am Ende eines Gefälles angeordnet werden und nicht an einer Terrassentür.

Das Gefälle wird grundsätzlich vom Haus weggeführt. Eine Ausnahme gibt es nur dann, wenn das Haus tiefer liegt oder eine Garageneinfahrt zum Keller des Hauses führt.

In diesem Fall müssen ganz gezielt Abläufe vor dem Garagentor eingebracht werden und für das tieferliegende Haus spezielle Entwässerungen vorgeplant werden.

Im Hausgarten-, Wege- und Garagenbereich findet zur Entwässerung meistens die **Einlauf-** bzw. **Ablaufrinne (ACO-Dränrinne)** Verwendung. Sie hat ein eingebautes Innengefälle, welches das Setzen der Rinnen in Waage erlaubt. Die einzelnen ACO-Rinnenteile sind 100 cm lang. Sie werden in unterschiedlichen Höhen angeboten und sind daher mit verschiedenen Numerierungen bezeichnet, so daß auch auf Entfernungen von 20 bis 30 m Länge durch passendes Zusammensetzen ein gleichbleibender Wasserablauf gewährleistet wird. Dies ist beispielsweise bei Garagenplätzen von Bedeutung. Die meist aus Polyesterbeton bestehenden Fertigteile sind 10 cm breit und 20 bis 25 cm tief. Zu den Ablaufrinnen passend gibt es verschiedene **Abdeckungen**, die je nach Belastung ausgewählt werden. So ist ein verzinkter Streckmetall-Rost für eine Terrasse oder nicht belastete Garten- und Eingangswege ausreichend, ein gußeiserner Schlitzrost dagegen praktikabel für Garageneinfahrten und Garagenhöfe. Die Polyesterbetonablaufrinnen lassen sich leicht mit einer Trennscheibe in die gewünschte Paßform bringen; speziell konstruierte **Seitenteile** (links oder rechts endend) können angebracht werden.

Um das weitere Ableiten des Wassers zu erleichtern, sollte außerdem ein spezieller **Abgang mit Schlammfang** und eventuell ein passender Geruchverschluß als Fertigteil von 50 cm Länge mit eingebaut werden.

Entwässerung durch ACO-Dränrinne.

Wird auf einen Schlammfang kein Wert gelegt, kann in die Ablaufrinne ein Loch in die dafür vorgesehene Stanzung geschlagen werden. Mit verschiedenen Bögen und Rohrteilen kann dann der Anschluß zum weiteren Ablauf des Wassers geschaffen werden.

Zum Setzen der Rinne werden der Boden ausgeschachtet, eine Schnur (in Waage) gespannt und die Rinne auf gut 10 cm Beton nach der Schnur ausgerichtet. Die Rinne muß so gesetzt werden, daß das Natursteinpflaster mindestens 0,5 cm über der Rinne steht. Anschlußnähte (die Verbindung zweier Rinnenteile) können mit Dichtschlämme (wasserdichte Mischung) ausgefugt werden.

Es ist grundsätzlich darauf zu achten, daß alle Gefällebereiche eines Garagenhofes, einer Terrasse oder der Wege direkt zur Einlaufrinne führen.

Im nächsten Schritt muß das in die Ablaufrinne eingelaufene Wasser von dieser weggeleitet werden.

Dazu verwendet der Landschaftsgärtner in der Regel die harten, meist orangefarbenen **Kunststoffrohre aus PVC**. Sie sind überaus einfach zu verlegen, da sie unter Zuhilfenahme einer Gummiabdichtung (Gummiring) problemlos zusammengesteckt werden können. Außerdem wird durch die im Handel angebotenen unterschiedlichen Rohrlängen von 50, 100, 200 und 500 cm – gebräuchliche Nennwerte (Durchmesser) sind DN 100 bis 500 mm – ein zügiges Arbeiten ermöglicht. Muß eine Ecklösung gebaut werden, so können dazu verschiedene Bögen in den gleichen Nennwertbereichen mit verschiedenen Winkeln (siehe auch Teil 3) eingesetzt werden.

Die Rohre sollten in einer Tiefe von mindestens 80 cm liegen, bei Belastung durch Befahren in einer Tiefe von mindestens 1,50 m.

Diese PVC-Rohre werden an das Kanalnetz angeschlossen. Es ist jedoch zu bedenken, daß durch die Aufnahme immer größerer Mengen Wasser die Nennwerte der Rohre steigen und deshalb mit Reduzierstücken gearbeitet werden muß (z. B. DN 100 auf DN 125).

Außerdem müssen die Rohrleitungen mit einem minimalen Gefälle (etwa 0,5 bis 1,0 %) verlegt werden. Sie sollten zusätzlich von einem Sandbett ummantelt werden, damit eventueller Druck und Verschiebungen im Boden keine Beschädigungen an den Rohren verursachen können.

Ein besonders wichtiger Hinweis für alle Landschaftsgärtner!
Die Einleitung von Wasser in eine öffentliche Kanalisation oder in irgendein anderes Gewässer ist genehmigungspflichtig.
Diese Genehmigung ist durch den Auftraggeber einzuholen. Der Landschaftsgärtner darf in solchen Fällen – auch wenn er diese Arbeiten beherrscht – nicht in Eigenregie entscheiden!

Eine weitere Möglichkeit zum Ableiten von Wasser ist der Einbau von **Hofabläufen**. Diese Hofabläufe haben eine Gesamthöhe von etwa 100 cm und bestehen aus:

- dem Boden (Bauhöhe 310 mm) mit einem Abgang für Rohranschluß (z. B. PVC, Nennwert DN 100 oder DN 150 mm),
- dem Schaft (Bauhöhe 480 mm), darin enthalten der Schlammeimer (eine kurze Bauhöhe beträgt 250 mm),
- dem Ausgleichsring von 60 mm Höhe (es können je nach Bedarf auch mehrere Ausgleichsringe verwendet werden) und
- dem Aufsatz, meist Gußeisen (Bauhöhe gleich 100 mm) (siehe auch S. 120). Wird ein Geruchverschluß gewünscht, muß nur der dafür vorgesehene größere Boden von 530 mm Höhe eingebaut werden.

Die Auffangkapazität des Aufsatzes muß nach der Größe der wasserabführenden Fläche bestimmt werden. Als Maß dient der Einlaufquerschnitt, der im Herstellerkatalog angegeben wird. Er ist entscheidend für die Wassermenge, die dieser Aufsatz, auch bei Sturzregen direkt aufnehmen kann.

Je nach Größe und Lage der gepflasterten Fläche können also entsprechend den Richtwerten ein oder mehrere, durch PVC-Rohrleitun-

Bestimmung des Einlaufquerschnittes als Maß für die Einlaufkapazität von Hofabläufen:
Die Größe des Einlaufquerschnittes beträgt in der Regel zwischen 200 und 400 cm². Als Berechnungsgrundlage dient eine Faustregel:
1 cm² Einlauföffnung = 1 m² Einzugsfläche. Das entspricht bei einer Einlauföffnung von 20 × 20 cm = 400 cm² einer Einzugsfläche von 400 m².

Hier wurde zum Hofablauf kreisförmig gepflastert.

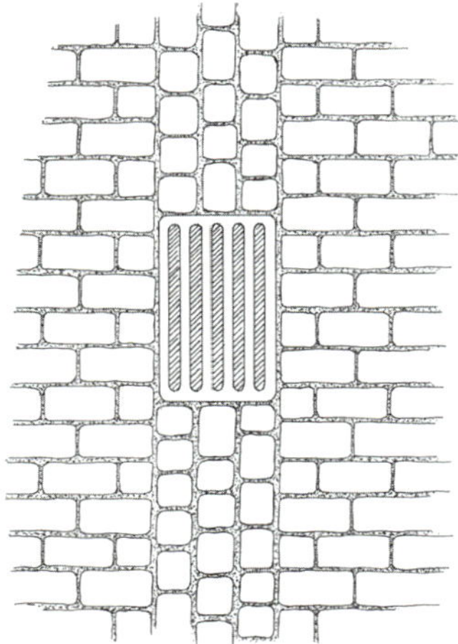

Abb. 13. *Wasserführende Rinne mit Hofeinlauf.*

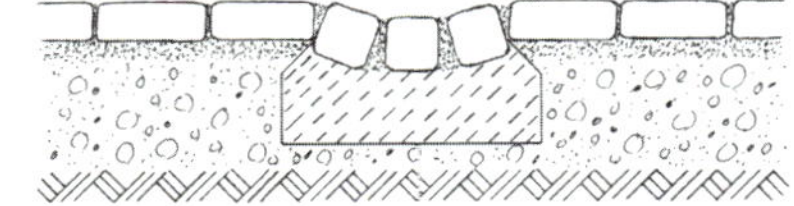

Abb. 14. *Querschnitt einer wasserführenden Rinne.*

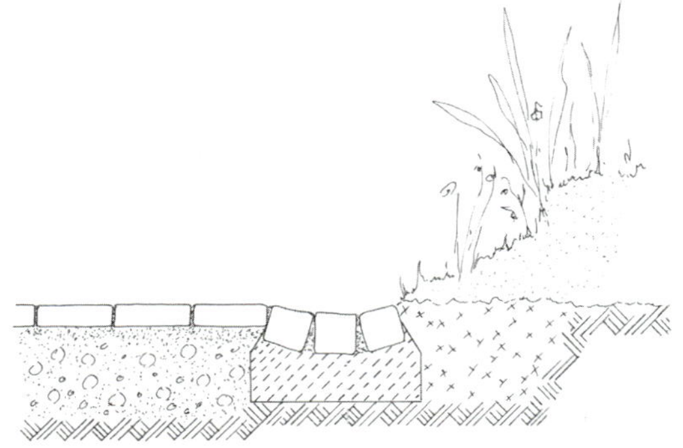

Abb. 15. *Pflasterrinne im Randbereich.*

gen miteinander verbundene, Hofabläufe eingebaut werden. Sie stehen in Beton und werden waagerecht ausgerichtet. Der Aufsatz sollte mindestens 0,5 bis 1,0 cm unter der Belagoberkante liegen.

Wer bei diesen Berechnungen eventuell der Meinung ist, daß diese Mengen an Wasser bei einer Natursteinpflasterung nicht auftreten können, da durch die große Anzahl von Fugen bei Mosaik- oder Kleinpflasterverlegung der größte Teil des anstehenden Wassers versickern kann, darf nicht vergessen, daß gerade bei Garagenhöfen oder Garagenflächen häufig mit Mörtelmischung gearbeitet oder mit Basaltmehl bzw. einem künstlichen Fugenmaterial fest bindend verfugt wird. Das Wasser muß also in diesen Fällen gezielt abgeleitet werden.

Eine weitere Entwässerungshilfe ist die **Pflasterrinne**, die beispielsweise aus Kleinpflaster 100 × 100 mm oder Großpflaster 140 × 160 mm bestehen kann. Diese wasserführende Rinne kann als Randrinne oder Laufrinne gebaut werden. Der zu verplanende Raum und die Möglichkeit zur Entsorgung des Wassers (z. B. mit Hofeinläufen) sind dann entsprechend zu berücksichtigen.

Als Randrinne kann die Pflasterrinne in Abhängigkeit vom ankommenden Gefälle aus zwei oder drei Steinen bestehen. Ihre Aufgabe besteht darin, das anfließende Wasser aufzufangen und abzuleiten. Dazu werden ein oder auch zwei Reihen Steine schräg verlaufend gesetzt, so daß sich mit den zwei oder drei Reihen eine Art Rundung ergibt.

Als Laufrinne werden beispielsweise drei Reihen gesetzt (je nach Wasseraufnahmekapazität können auch mehr Reihen gesetzt werden), wobei die mittlere in Waage – mit ablaufendem Gefälle in Richtung Einlaufrinne oder Hofablauf – liegt und etwa 1 cm, bei Bedarf auch 2 cm tiefer als das Niveau sitzt. Die beiden wassereinführenden Rinnenteile schließen mit der Belagoberkante und schräg zur Laufrinne mit deren Oberkante ab. Bei größeren Flächen empfiehlt es sich, zuerst die Rinne genau einzumessen, zwei Schnüre in Breite der Laufrinnensteinstärke (das setzt gutes und genaues Steinmaterial voraus) parallel mit dem geplanten Gefälle zu befestigen und dann die Läuferschicht Stein für Stein in Beton zu setzen. Danach werden links und rechts des Läufers Schnüre gespannt, die den Abstand der beiden seitlichen Reihen markieren, und beide seitlichen Rinnenreihen mit der dazugehörigen Schräge ebenfalls in Beton gesetzt. Dabei ist die Oberkante des Läufers wie eine zweite Schnur, also als direkte Höhe, zu betrachten.

Ist die Natursteinrinne abgebunden kann mit den weiteren Pflasterarbeiten begonnen werden. Die Rinne selbst sollte gut ausgefugt sein, um den Wasserfluß nicht zu bremsen, das Eindringen von Wasser zu vermeiden und so Frostaufbrüche zu verhindern.

Allgemein spielt die Entwässerung heute eine außerordentlich große Rolle. Abwassergesetze und Abwassergebühren geben zu grundlegend neuen Überlegungen hinsichtlich der Entsorgung von Abflußwasser Anlaß. So legen die Kommunen beispielsweise die Abwassergebühren für die einzelnen Haushalte nach fest bebauter und versiegelter Fläche (Haus- und Garagendach, befestigte Garagenflächen und -einfahrten, Wege und Terrassen) fest. Alles, was in die Kanalisation geleitet wird, muß teuer bezahlt werden.

Aus diesem Grund werden seit längerem Lösungsmöglichkeiten gesucht, wie das Regenwasser

- dem Grundwasser zugeführt,
- durch Ableiten über Zisternen, Gräben, Pflanzflächen, Ablaufrinnen und Wassertanks im Garten wiederverwendet oder
- durch Versickerungsflächen bei Parkplätzen und Stellflächen der Kanalisation vorenthalten werden kann.

Nicht unerwähnt bleiben sollte an dieser Stelle auch die Möglichkeit der Entsiegelung durch geeignete Fugenmaterialien und entsprechend aufgebaute Oberbauschichten.

Bei versiegelten Terrassen, Wegen, Garageneinfahrten und -höfen sollte man immer versuchen, das anfallende Regenwasser in Garten- und Pflanzflächen abzuführen.

Oben:
Bau einer großen Pflasterrinne.
Rechts:
Bei hoher Wasseraufnahme mit großer Fließgeschwindigkeit kann am Rinnenende ein Auffangbogen gepflastert werden.

Anfallendes Regenwasser wird nach Möglichkeit in Pflasterrinnen gesammelt und in Vegetationsflächen zurückgeführt.

Die Pflasterung
Reihenpflasterung ohne Kreuzfuge

Am Beispiel einer einfachen Reihenpflasterung sollen nachfolgend alle Schritte zum Erstellen einer geraden, ansprechenden Natursteinpflasterung erläutert werden. Für viele Pflasterer ist dieses Pflastern in geraden Reihen eine der schwierigsten Arbeiten überhaupt. Hier kommt es auf größte Präzision an, da die geraden Fugen für den Betrachter sofort haarscharf erkennbar sind.

In Abhängigkeit vom Steinmaterial (gemeint sind die unterschiedlichen Güteklassen) lassen sich vom einfachen Stein-an-Stein-Setzen bis hin zum Reihenpflastern unter schwierigsten Bedingungen unterschiedlichste Reihenpflasterungen erstellen. So ist es beispielsweise möglich, mit Steinmaterial der Güteklasse I – im Kleinpflasterbereich bedeutet das gerade gebrochene, gleichbleibende Kanten – fast problemlos ein Reihenpflaster mit oder ohne Kreuzfuge aufzubauen, d. h. ein Pflaster mit gleichbleibenden Fugen ohne Vorsprung oder Krümmung. Selbst zum Aufmauern von Pflanzkübeln, leichten Böschungen oder Treppen ist dieses Material ideal geeignet. Mit den genormten Steinen lassen sich allerdings keine Kreise oder Bögen pflastern.

Es ist aber möglich, mit unterschiedlich gebrochenem Natursteinmaterial herrliche Rundungen zu erstellen und – mit dem nötigen Aufwand – auch Geraden. Wichtig bei letzterem ist allerdings, daß bei der Bestellung des Steinmaterials angegeben wird, daß Reihen gesetzt werden sollen und keine Bögen. So erhält man den normalerweise gelieferten Anteil an konischen Steinen (nach DIN 18502) nicht.

Verwendet man unterschiedliche Steingrößen von Mosaik- oder Kleinpflaster können beispielsweise beim Pflastern mehrere Reihen mit verschiedenen Steinbreiten gleichzeitig gesetzt werden, so daß ein sauberes Fugenbild entsteht. Dies setzt allerdings eine genaue Auswahl und Sortierung der Steingrößen voraus, und es sollte ohne Kreuzfugen gearbeitet werden.

Das Reihenpflaster „ohne Kreuzfuge" scheint auf den ersten Blick leichter ausführbar zu sein und doch ist es meist schwieriger zu setzen, da hier verschiedene Steingrößen Verwendung finden. Bei gleichgroßen Pflastersteinen kann davon ausgegangen werden, daß es relativ einfach ist, ein solches Pflaster zu fertigen, wenn die Reihen um einen halben Stein versetzt und mit Fuge oder knirsch verlegt werden.

Bei unterschiedlichen Größen im Mosaik- oder Kleinpflasterbereich könnten natürlich zuerst die Steine passend zueinander sortiert werden. Doch dieser Aufwand ist in der Praxis viel zu groß und zu umständlich.

Wie wird nun wirklich vorgegangen?

Abb. 16.
Reihenpflaster ohne Kreuzfuge.

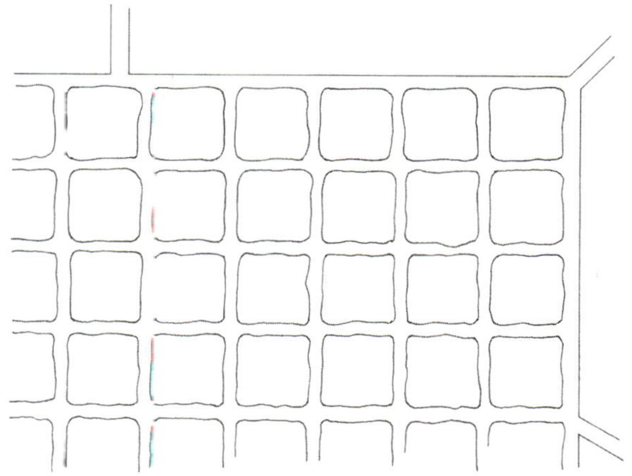

Abb. 17.
Reihenpflaster mit Kreuzfuge.

Die meisten Garageneinfahrten werden bogenförmig gesetzt, da sich die Reihenpflasterung nicht nur als schwierig erweist, sondern die Schub- und Scherkräfte auch besser aufgefangen werden können.

Bettungsmaterialien:	
Natursand	0/2
Natursand	0/4
Splitt	1/3
Splitt	2/5
Brechsand-Splitt-Gemisch	0/5
Zement-Sand-Gemisch (Mörtel) Verhältnis	1 : 4

Werkzeuge:
Pflasterhammer
Schnüre
Schnurnägel
Fäustel
Gliedermaßstab (Zollstock)
Wasserwaage
Wiegelatte (2,00 m/5,00 m)
Schubkarre
Schaufel

Materialien:	
Kleinpflaster	
Granit	100/100/100
Porphyr	90/90/90
Basalt	80/80/80
Grauwacke und anderes Großpflaster (siehe Teil 3), Maße im Natursteinpflasterbereich (DIN 18502)	

Bettung

Zuerst wird das in diesem Fall relativ unkomplizierte Sandbett bereitet. Dabei sind zwei Dinge zu beachten. Es darf auf keinen Fall wie beim Betonpflaster abgezogen werden, und es sollte genügend Sand (Natursand 0/2) in der Pflasterfläche vorhanden sein, so daß die Natursteine nicht in der Luft stehen. Der wichtigste Grundsatz beim Pflastern ist: Es wird in ein Sandbett gepflastert, nicht auf ein Sandbett. Anstelle des Natursandes kann beispielsweise auch ein Brechsand-Splitt-Gemisch (0/5), Splitt der Körnung 1/3 oder eine Trockenmischung (siehe S. 51) im Verhältnis von 1 : 3 bis 1 : 5 verwendet werden.

Setztechnik

Das Gefälle der Natursteinpflasterfläche sollte bei Granit 3 % betragen, bei glatten oder polierten Flächen genügen bereits 2 %. Die Pflasterung beginnt grundsätzlich am tiefsten Punkt, dem Wasserablauf, und endet am höchsten Punkt.

Wird dies nicht beachtet, könnten beispielsweise bei stärkerem Gefälle (leichte Böschungen/Garagenabfahrten) die Steine beim Setzen „davonrollen".

Die Höhenfestlegung erfolgt nach vorhandenen Gegebenheiten, wie Kantensteinen, Plattenbändern, Läuferreihen und anderem. Beim freien Verlegen muß zur Orientierung unbedingt eine Schnur mit dem vorgegebenen Gefälle gespannt werden, die 1,0 bis 1,5 cm über dem zu erwartenden Niveau, dem Rammschlag, liegt. Im verdichteten Zustand soll die Pflastersandbettung für Mosaik- und Kleinpflaster 3,0 bis 4,0 cm, bei Großpflaster immerhin 4,0 bis 6,0 cm betragen.

Nur bei Zwischenpflasterungen (Abgrenzung/Läuferschicht) kann an den Kreuzungspunkten der Pflasterreihen eine Kreuzfuge erscheinen. Auch hier sollte Stein für Stein knirsch aneinandergesetzt werden, um der Fläche Stabilität zu gewährleisten.

Immer wieder müssen die Reihen auf Geradlinigkeit überprüft, die Schnüre rechtwinklig zur Anlegekante gespannt und die Höhe beibehalten werden.

Je mehr Schnüre gespannt werden, desto genauer kann die Geradlinigkeit eingehalten werden. Das gilt besonders für kleine Wege.

Allgemein sollte darauf geachtet werden, daß bei einer Terrasse die Reihen nicht vom Haus aus fortlaufen, sondern quer zum Haus gehalten werden. Auf diese Weise fallen auch bei minderen Steinqualitäten sich ergebende Reihenungenauigkeiten nicht so intensiv auf.

Ein ganz extremes Beispiel ist das Verlegen von Carrara-Marmor. Hier wirkt jede Fuge dieses fast weißen Steines dunkel und fällt optisch sofort auf. Jeder Stein wird einzeln offensichtlich, jeder Versprung im Stein wie auch in der Fuge ist zu erkennen. Das exakte Verlegen ist in diesem Fall eine schwierige Aufgabe, die aber von Fachleuten des Garten- und Landschaftsbaues gut zu bewältigen ist.

Mit der flachen, breiten Seite des Pflasterhammers, der „Finne", wird im Sandbett eine Mulde für den zu setzenden Naturpflasterstein vorgeformt. So kann der Stein auf die vorgegebene Höhe gesetzt und muß nicht heruntergeschlagen werden.

Der Naturpflasterstein wird leicht schräg in die vorgefertigte Mulde gesetzt, um ihm so beim Festsetzen mit dem Pflasterhammer Halt zu geben und die Lage (im rechten Winkel zur Umrandung) beizubehalten. Außerdem ist es leichter, gegen die Schräge zu schlagen, wodurch der Stein in senkrechter Lage hammerfest gesetzt wird.

Gleichzeitig wird er gut mit dem Bettungsmaterial „ummantelt". Im allgemeinen sollte der Stein zu Zweidrittel in der Bettung sitzen.

Dabei sollte der Einfachheit halber mit etwa drei bis fünf Reihen gleichzeitig begonnen werden. Hier werden die Steine in verschiedenen Größen ausgewählt und von der Anlegekante aus übereinander gesetzt. Danach spannt man die Schnur entsprechend.

Wenn die Steine entsprechend der Schrittfolge in den Fotos gesetzt wurden, müssen sie nun befestigt werden. Dazu sind zunächst bei schräg verlaufenden Flächen alle Winkel- oder Dreieckstücke einzuschlagen bzw. einzubauen, außerdem muß eingesandet und geschlämmt werden, um ein Verschieben der einzelnen Reihen beim Rammen mit der Rüttelplatte zu vermeiden. Bei geraden Flächen sollte das Einschlagen bzw. Einkürzen von Pflastersteinen vermieden und von vornherein paßgenau gearbeitet werden. Bei schräg angepaßten Wegen wird dies nicht zu vermeiden sein.

Nach dem Rammen wird die Fläche mit einer 5,00 m langen Wiegelatte auf Ebenflächigkeit (Über- und Unterbögen) überprüft, even-

Oben links: Die Fugen zwischen den einzelnen Steinen der Reihe werden möglichst klein gehalten, müssen aber zwischen den einzelnen Reihen beibehalten werden. Das heißt, die hintere Kante einer Reihe muß immer eine gerade Linie ergeben, da die vorher gespannte Schnur auch an solch einer endet.

Kleines Bild: Die Pflastersteine werden so verwendet wie sie anfallen, der entsprechenden Reihe zugeordnet und auf Schnurhöhe gesetzt. Dabei kann der einzelne Stein entsprechend dem Material auch unterschiedlich breit, schmal oder lang gesetzt werden, je nach dem, wie er in die verschiedenen angefangenen Reihen paßt.

Oben rechts: Nach einiger Übung geht dieser Arbeitsvorgang sicherlich recht gut von der Hand.

Wesentlich schwieriger ist das Vermeiden von Kreuzfugen, weil die unterschiedliche Auflösung der Steinreihen durch die Überbindung oftmals zu Problemen führt.

Je heller ein Naturstein ist, desto exakter müssen die langen Fugen gearbeitet werden. Bei dunklen Steinen verwischt die Farbe einige Ungenauigkeiten.

Wer es natürlich und rustikal liebt, kann sich einen Weg oder eine Fläche auch einmal in dieser Weise zurechtpflastern.

tuell nochmals gesandet, geschlämmt und leicht nachgerammt. Noch eine Anmerkung zur Trocken- oder Mörtelmischung.

Bei der Trockenmischung wird ein Verhältnis von 1 : 3 bis 1 : 5, d. h. = 1 Schaufel Trass-Zement zu 3 (bis 5) Schaufeln Sand hergestellt und das Pflaster in die gut gemischte Unterlage gesetzt. Dabei sollte darauf geachtet werden, daß möglichst keine Mischungspartikel auf die Pflastersteine gelangen. Sollte dies doch einmal geschehen, müssen die Verschmutzungen umgehend mit einem trockenen Handfeger entfernt werden.

Beim Mischen im Verhältnis 1 : 3 ist darauf zu achten, daß wegen der Dichte des Zements eine gefüllte Schaufel Zement nur etwa einer halben Schaufel Sand entspricht. Bei gleicher Menge wird das Verhältnis verzerrt und schnell ist eine Mischung von 1 : 2 erreicht.

Wenn die Steine in eine „erdfeuchte" Mischung – also Mörtelmischung – gesetzt werden, wird nach dem Einbringen des Materials ebenso vorgegangen, wie beim Setzen in Sand beschrieben. Die Mischung darf jedoch nicht zu feucht sein, da sonst ein sauberes Arbeiten nicht gewährleistet ist.

Außerdem sollte beachtet werden, daß die Pflastersteine sehr schnell eine Bindung mit der Zementmischung eingehen und deshalb nachträglich nicht mehr in eine bessere Position gebracht werden können.

Bei sehr schönen und einheitlich gebrochenen Steinen ist es auch möglich, das Mischungsbett nur leicht abzuziehen und die Steine direkt auf die Höhe zu setzen. Auch hier darf die Mischung nur „erdfeucht" sein, da sonst beim Setzen das Mischungsmaterial aus den Fugen quillt und die Fläche verschmutzt.

Die losen Einbauhöhen von Sand, Splitt und Mischung richten sich nach den verschiedenen Steingrößen. Für Mosaikpflaster empfiehlt sich ein Einbauwert von etwa 3,0 bis 5,0 cm, für Kleinpflaster etwa 4,0 bis 6,0 cm und für Großpflaster etwa 6,0 bis 10,0 cm, wobei das Großpflaster meist direkt in Mischung gesetzt wird.

Verfugen

Das Verfugen einer Pflasterfläche stellt sich teilweise als recht schwierig dar.

Die Materialien können in großer Vielfalt variieren und sind von der Größe der Fuge abhängig. Bei Mosaikpflaster sollten die Fugen höchstens 6 mm, bei Kleinpflaster können sie bis zu 10 mm betragen. Bei anderen Steingrößen und entsprechend variierenden Fugenbreiten müssen die Fugenmaterialien besonders sorgfältig ausgewählt werden. Außerdem spielen auch der Verschmutzungsgrad und die Pflege der Natursteinflächen sowie die Festigkeit bzw. Haltbarkeit im Gesamtbild eine große Rolle.

Welches Material kann für Fugen verwendet werden?
Allgemein könnte man sagen, alles was anfällt und doch sind dabei einige Materialien mit Vorsicht einzusetzen.

Die gebräuchlichsten Fugenmaterialien sind nach wie vor:
- Rheinsand 0/2 und Basaltmehl 0/2,
- fließfähiger Zementmörtel im Mischungsverhältnis 1 : 3 oder 1 : 4,

Sand einfegen.

ein Kunststoff-Mineralgemisch („künstliche Fuge" genannt),
– Basaltsplitt 2/4 und anderes.

Rheinsand wird auf die gepflasterte Fläche ausgebracht, eingeschlämmt, die Fläche wird abgerammt, der obenaufliegende Sand nachgefegt, eventuell nachgesandet und weiter geschlämmt, bis sich keine Rißbildungen in den Fugen zeigen und alle Öffnungen gleichmäßig geschlossen sind. Es ist günstig, wenn der Sand einige Zeit auf der Fläche liegen bleibt, so daß er durch Regen oder leichtes Bewässern noch in nachsackende Fugen gelangen kann.

Der Sand hat jedoch den Nachteil, daß er bei stärkeren Regenfällen oder Reinigungstätigkeiten mit einem Hochdruckreiniger leicht ausgespült werden kann. Außerdem können anfliegende Samen, hauptsächlich Gräser, sehr gut gedeihen und das Pflasterbild unschön gestalten.

Basaltmehl gibt nicht nur eine dunkle Farbe, sondern ist nach dem Einschlämmen und Erhärten ein sehr fester Bestandteil im Fugenbereich. Größere Wassermengen laufen ohne Schaden zu verursachen durch Fugen und über die Fugen gut ab. Das Eindringen von Samen ist fast ausgeschlossen.

Das Verfugen mit einer **Zementmörtelmischung** ist nur dann lohnend, wenn die Pflasterfläche in Mischung gesetzt oder die Fugenbreite so groß gewählt wurde, daß mit der Mörtelmischung gearbeitet werden kann, ohne den Pflasterbereich zu verschmutzen. Wie bereits zuvor erwähnt, muß mit dem Fließmörtel äußerst sorgfältig umgegangen werden, da oftmals Rückstände auf den Steinen vorzufinden sind. Im Normalfall wird eine „flüssige" Trass-Zementmörtelmischung (mit mindestens 600 kg Bindemittel/m^3) hergestellt, welche in die Fugen „eingewischt" wird. Danach muß die Natursteinpflasterfläche allerdings mit hohem Arbeitsaufwand wieder gesäubert werden. Dies setzt ein zügiges Arbeiten voraus, weil die Mischungsmasse je nach Witterung und/oder Struktur der Steine rasch abbindet. Deshalb wird bei kleineren Flächen in mehreren Arbeitsgängen (sehr schwierig bei stark angerauhten Natursteinoberflächen, z. B. Granit) gearbeitet und der Belag mit klarem Wasser und unter Verwendung eines Schwammes gereinigt. Größere Flächen sollten in mehreren Arbeitsgängen durch das Abkehren mit gewaschenem Sand und Abreiben der Verunreinigungen und Zementschleier mit speziellen Mitteln (eventuell Sägespäne, spezielle Säuren) gereinigt werden. Es darf dabei jedoch nur soviel Wasser benutzt werden, daß ein Ausspülen der Fugen vermieden wird. Gelegentlich wird zum Abkehren statt Sand auch Sägemehl verwendet.

Bei Gießmörtel kann vor dem Reinigen mit Sand die noch weiche Fuge auch oberflächlich durch ein trockenes Sand-Zement-Gemenge (Mischungsverhältnis 1 : 1) verfestigt werden. Dazu wird auf die noch nassen Fugen das trockene Zement-Sand-Gemenge (Trass-Zement verwenden) dünn aufgestreut und die Fläche mit einem Besen abgekehrt. Zu beachten ist, daß grundsätzlich eine einheitlich zubereitete

Kleine Flächen können auch mit dem Handstampfer abgerammt werden.

Basaltsplitt hat ähnliche Eigenschaften wie Basaltmehl, verkeilt sich aber wesentlich besser in den Fugen und gibt dadurch eine zusätzliche Stabilität.

Zement-Sand-Mischung verwendet wird, um einen gleichbleibenden Farbton in der Fläche zu gewährleisten.

Für den Umgang mit der „künstlichen Fuge" sollen nachfolgend anhand der **vdw-Pflasterfugensysteme 800 und 840** Verarbeitungshinweise gegeben werden.

Da die vdw-Pflasterfugensysteme keine Setzungen auffangen können, muß der Untergrund entsprechend den zu erwartenden Verkehrslasten dimensioniert sein. Dabei sind alle zutreffenden Vorschriften, Richtlinien und Merkblätter zu beachten.

Bei einer Belastung durch Fußgänger ist für die Natursteinpflasterverlegung eine Bettung aus Sand oder Splitt ausreichend. Bei Belastung durch Kraftfahrzeuge sollte die Verlegung in einem Beton- oder Mörtelbett stattfinden.

Die Pflasterfugen müssen eine Mindesttiefe von 30 mm aufweisen, die Mindestfugenbreite beträgt in diesem Fall 5 mm.

In der Praxis hat sich herausgestellt, daß es Gesteinsarten gibt (so z. B. heller Granit), die mit dem Bindemittel der vdw-Pflasterfugensysteme Wechselwirkungen eingehen. Es können beispielsweise stärkere Farbvertiefungen oder unerwünschte Farbtonveränderungen eintreten. Deshalb sollten zuvor kleine Probeflächen angelegt werden, um die Wirkung zu testen.

Hinweise zur Arbeit mit **vdw 800 Pflasterfugenmörtel:** Die mit der einen Bindemittelkomponente beaufschlagte Mineralstoffmischung wird in einem Zwangsmischer oder Freifallmischer (Mischmaschine) vorgelegt. Während des Mischvorganges wird die zweite Bindemittelkomponente aus der beiliegenden PE-Flasche langsam vollständig zugegeben. Die Mischzeit im Zwangsmischer sollte mindestens 5 Minuten, im Freifallmischer 8 Minuten betragen. Danach wird der Mischung die gleiche Menge Wasser wie vorher Bindemittel zugegeben. (Keine höheren Wasseranteile zusetzen, da sonst die Festigkeit des Fugenmörtels gemindert wird.)

Der fließfähige Mörtel muß nach seiner Fertigstellung zügig verarbeitet werden. Die Fließfähigkeit nimmt in Abhängigkeit von der Temperatur nach 10 bis 15 Minuten ab (20 °C). Deshalb sollten nur solche Mengen aufbereitet werden, die in diesem Zeitraum auch verarbeitet werden können.

Vor dem Aufbringen des Mörtels ist der Pflasterbelag vorzunässen, wobei auch dies vom Steingefüge und der Temperatur abhängig ist. Mit einem Gummischieber wird der Mörtel dann sofort in die Fugen eingearbeitet. Mit dem Abbindebeginn verliert der Mörtel seine Fließfähigkeit. Dabei wird er zunächst dunkel. Dies ist bei dem Farbton „natur" besonders gut zu erkennen. Nach einer temperaturabhängigen Wartezeit erhält der Mörtel eine erdfeuchte Konsistenz.

Das ist der richtige Zeitpunkt zum sehr gründlichen Abkehren der Pflasteroberfläche, wobei die Reste des vdw 800 entfernt werden. Dazu stehen bei 20 °C je nach Luftbewegung 15 bis 30 Minuten zur Verfügung. Höhere Temperaturen verkürzen, niedrigere Temperaturen verlängern die Zeit bis zum Abkehren. Die Pflasterfugenreste dürfen jedoch nicht in die noch offenen Fugen weiter zu verfugender Bereiche eingefegt werden.

Bei nicht ausgehärtetem Material sind die Arbeitsgeräte mit Wasser zu reinigen, bei angehärtetem Material mit Reinigungsmittel (Lösungsmittelgemisch).

Damit die neu verfugte Fläche gut aushärten und dauerhaft ein gutes Bild geben kann, sind nachfolgend aufgeführte Hinweise zu beachten (die Angaben beziehen sich auf eine Temperatur von 20 °C und eine relative Luftfeuchtigkeit von 65 %).

Hinweise für das Aushärten von vdw 800 Pflasterfugenmörtel:
- Absperrung der frisch verfugten Fläche über einen Zeitraum von mindestens 12 Stunden.
- Schutz vor Regen über einen Zeitraum von 12 Stunden.
- Regenschutz nicht direkt auf die Fläche auflegen; zwischen Schutz und Fläche muß Luft zirkulieren können.
- Endgültige Freigabe der Fläche nach 7 Tagen.
- Prinzipiell sollte vor Inbetriebnahme der Fläche eine Überprüfung der Festigkeit erfolgen.
- Die Mindesteinbautemperatur beträgt +7 °C. Bei geringerer Temperatur ist die Aushärtung besonders zu überprüfen.

Bei der **Verarbeitung von vdw 840 Fugenfix Fertig** müssen die Hinweise auf den Untergrund ebenso beachtet werden wie zuvor bei vdw 800 Pflasterfugenmörtel.

Bei vdw 840 wird jedoch der Mineralstoff mit dem Inhalt der im Sack enthaltenen PE-Flasche ausschließlich in einem Zwangsmischer mindestens 5 Minuten intensiv vermischt.

Für kleinere Flächen kann die Mischung auch mittels Bohrmaschine und Rührquirl aufbereitet werden. Wichtig ist eine intensive und homogene Vermischung.

Der fertige Fugenmörtel wird auf die saubere und trockene (!) Fläche ausgebracht. Mit dem Gummischieber wird der Mörtel gründlich in die Fugen verfüllt. An schwer zugänglichen Stellen kann mit dem Fugeisen nachgearbeitet werden. Die Verarbeitungszeit beträgt bei 20 °C etwa 30 Minuten. Er kann auch bei niedrigeren Temperaturen gut eingearbeitet werden.

Die an der Gesteinsoberfläche anhaftenden Mörtelreste werden sofort nach der Einarbeitung abgefegt. Während der ersten Zeit ver-

Hinweise für das Aushärten von vdw 840 Fugenfix Fertig:
- Absperrung der frisch verfugten Fläche über einen Zeitraum von mindestens 12 Stunden.
- Schutz vor Regen für die Dauer von mindestens 6 Stunden.
- Endgültige Freigabe der Fläche nach 7 Tagen.
- Prinzipiell sollte vor Inbetriebnahme der Fläche eine Überprüfung der Festigkeit erfolgen.
- Die Mindesteinbautemperatur beträgt +5 °C.

Verarbeitungswerkzeuge: Zwangsmischer, Wasserschlauch mit Sprühdüse, Gummischieber, Besen.

Pflasterfläche reinigen und vornässen.

Mineralstoffe und Bindemittel vermischen. Mischzeit 5 Minuten.

Wasser zumischen bis zum Erreichen der Verarbeitungskonsistenz.

Verfüllen der Fugen mit einem Gummischieber.

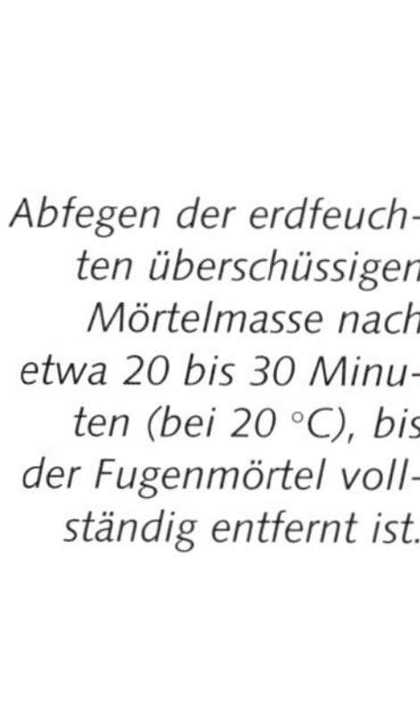

Abfegen der erdfeuchten überschüssigen Mörtelmasse nach etwa 20 bis 30 Minuten (bei 20 °C), bis der Fugenmörtel vollständig entfernt ist.

Fertige, frisch verfugte Fläche vor Regen schützen. Regenschutz nicht direkt auf die Fläche legen.

Tab. 3. Verbrauchsmengen von vdw 800 Pflasterfugenmörtel und vdw 840 Fugenfix Fertig in Abhängigkeit von Pflasterart und Fugenbreite. (Daten sind für allseits geschnittene Natursteine als Reihenpflaster e[illegible]r Durch natürliche Formen können Abweichungen entstehen; Mindestfugentiefe 30 mm.)

Pflasterarten	**Abmessungen in mm**		**vdw 800 Verbrauch kg/m² bei Fugenbreite**		**vdw 840 Verbrauch kg/m² bei Fugenbreite**	
	Breite	**Länge**	**5 mm**	**10 mm**	**5 mm**	**10 mm**
Großpflaster	160	160	3,1	6,5	3,0	6,0
	160	170	3,1	6,2	2,8	5,9
	160	180	3,1	6,0	2,8	5,5
	160	190	3,1	6,0	2,8	5,5
	160	200	3,0	5,8	2,8	5,3
	140	140	3,8	7,2	3,5	6,6
	140	150	3,6	7,0	3,3	6,4
	140	160	3,4	6,8	3,1	6,2
	140	170	3,4	6,6	3,1	6,1
	140	180	3,3	6,5	3,0	6,0
	140	190	3,3	6,3	3,0	5,8
	140	200	3,2	6,2	2,9	5,7
	120	120	4,3	8,3	3,9	7,6
	120	130	4,2	8,0	3,9	7,3
	120	140	4,0	7,8	3,7	7,2
	120	150	4,0	7,5	3,7	6,9
	120	160	3,8	7,3	3,5	6,7
	120	180	3,6	7,0	3,3	6,4
Kleinpflaster	100	100	5,2	9,9	4,8	9,1
	90	90	5,7	11,0	5,2	10,1
	80	80	6,4	12,0	5,9	11,0
Mosaikpflaster	60	60	8,5	15,4	7,8	14,1
	50	50	10,0	18,0	9,2	16,5
	40	40	12,0	22,0	11,0	20,2

bleibt ein dünner Bindemittelfilm auf der Oberfläche, durch den die Oberflächenstruktur des Belages hervorgehoben wird.

Dieser Bindemittelfilm verschwindet jedoch nach einigen Monaten.

Die Reinigung der Arbeitsgeräte erfolgt vor der Aushärtung mit Wasser (eventuell unter Zugabe haushaltsüblicher Spülmittel), nach der Aushärtung mechanisch.

Damit die neu verfugte Fläche gut aushärten und dauerhaft ein gutes Bild geben kann, sind nachfolgend aufgeführte Hinweise zu beachten (die Angaben beziehen sich auf eine Temperatur von 20 °C und eine relative Luftfeuchtigkeit von 65 %).

Anhand der Tabelle 3 kann für vdw 800 und vdw 840 Pflasterfugenmörtel der Mindestbedarf bei den verschiedensten Natursteinpflastergrößen für die Gesamtfläche errechnet werden.

Nachfolgend wird an einigen Rechenbeispielen der Gebrauch der Tabelle 3 erläutert.

Kleinpflaster Größe 2 (90 × 90),
Sack vdw 800 40 kg,
Fugen 5 mm
Tabelle = 5,7 kg/m^2
entspricht ca. 7,0 m^2 Fläche/Sack

Mosaikpflaster Größe 3 (40 × 40),
Sack vdw 800 40 kg,
Fugen 5 mm
Tabelle = 12,0 kg/m^2
entspricht ca. 3,3 m^2 Fläche/Sack

Kleinpflaster Größe 3 (80 × 80),
Sack vdw 840 25 kg,
Fugen 5 mm
Tabelle = 5,9 kg/m^2
entspricht ca. 4,3 m^2 Fläche/Sack

Mosaikpflaster Größe 1 (60 × 60),
Sack vdw 840 25 kg,
Fugen 5 mm
Tabelle = 7,8 kg/m^2
entspricht ca. 3,2 m^2 Fläche/Sack

Die nachfolgende Übersicht faßt die beim Pflastern von Natursteinreihen zu beachtenden wesentlichen Arbeitsschritte noch einmal kurz zusammen.

1. Beachtung aller Vorbereitungsmaßnahmen für eine geordnete Pflasterung.
2. Untergrund, Aufbau des Oberbaues, Höhen und Gefälle zur Entwässerung müssen entsprechend erstellt werden.
3. Materialbestellung nach DIN 18502 für Reihenpflaster (!).

4. Bettung herstellen (Sand, Splitt, Gemische).
5. Schnüre spannen.
6. Rammschlag 1,0 bis 1,5 cm.
7. Gefälle von etwa 3 % in der Schnurhöhe berücksichtigen.
8. Schnur auf gleichbleibende, geradlinige Pflasterreihe einmessen.
9. Mit der „Finne" des Pflasterhammers im Bett eine Mulde formen.
10. Stein leicht schräg in die Mulde setzen.
11. Stein auf Schnurhöhe hammerfest setzen.
12. Richtung und Winkligkeit beachten.
13. 3 bis 5 Reihen gleichzeitig mit unterschiedlichen Steingrößen pro Reihe beginnen.
14. Kreuzfugen vermeiden.
15. Beim Setzen der Steine Richtung beibehalten.
16. Gleiche Steine für die jeweilige Steingröße in den Reihen auswählen, um die Fugen gleichbleibend zu halten.
17. Laufend alle Details überprüfen.
18. Nicht mit den Steinen die Schnur aus der Flucht bringen (seitliche Verschiebung).
19. Darauf achten, daß Sand die Schnur nicht nach oben drückt (Pflaster wird zu hoch).
20. Vor dem Einsanden die Fläche komplett auf Unregelmäßigkeiten überprüfen.
21. Sand, Basaltmehl oder Basaltsplitt einfegen und einschlämmen.
22. Fläche abstampfen (Handstampfer) oder abrütteln/abrammen (Rüttelplatte eventuell bei glatter Oberfläche des Natursteinpflasters mit Rollen oder Gummischürze ausstatten).
23. Nachsanden und einschlämmen.
24. Sauber abfegen, wenn alle Fugen verfüllt sind.
25. Bei Fugen aus Kunststoff das Pflaster direkt auf Höhe legen, Fugenbreite von mindestens 5 mm beachten und wie unter Verfugen beschrieben weiter verfahren.

Pflege von Natursteinpflaster

Wenn bei den Pflasterarbeiten und dem anschließenden Verfugen alles richtig gemacht wurde, wird man lange seine Freude an den Terrassen und Gartenwegen sowie Garageneinfahrten haben.

Der zu betreibende Pflegeaufwand hält sich mit normalem Abfegen oder Säubern der Flächen in Grenzen. Voraussetzung dafür ist jedoch eine gute wasserdurchlässige Versiegelung der Pflasteroberfläche durch geeignete Materialien, wie Basaltmehl, Zementmörtelmischung oder Fugen aus Kunststoff.

Außerdem muß die Pflasterung das richtige Gefälle haben, so daß kein Wasser auf den Flächen stehen bleibt. In den einzelnen Fugen darf sich kein Boden bilden, der nach und nach verunkrautet oder bei starker Beschattung vermoost. Natürlich muß das Fugenmaterial die richtige Mischung haben und korrekt eingebaut worden sein.

Was kann man jedoch tun, wenn im Laufe der Zeit doch eine Verschmutzung stattfindet, wenn sich Moose und Unkraut ansiedeln, Fugen porös werden und aufbrechen?

Bei einer hundertprozentig (!) einwandfrei gesetzten und verfugten Fläche kann man durch einfaches Fegen, Saugen oder mit einem Gebläse für die normale Sauberkeit sorgen.

Unkrautbekämpfung

Bei Unkräutern in den Fugen, speziell bei gesandeten oder alten, porösen Fugen, gibt es einerseits die Möglichkeit des mühevollen Auskratzens, dabei wird allerdings auch intaktes Fugenmaterial aufgerissen, oder andererseits des Abflämmens durch einen Gasbrenner (Handgerät/fahrbares Gerät/Infrarot-Wildkrautbeseitiger; siehe nachfolgende Beschreibung). Das Fugenmaterial kann jedoch bei zu großer Hitzeentwicklung porös werden. Keine Alternative ist das Aufbringen von Unkrautvernichtungsmitteln, da es auf durchlässigen, dem Untergrund Wasser zuführenden Wegeflächen verboten ist.

Als Beispiel zum Abflämmen von Wildkräutern soll das auch im Bild dargestellte Flämmgerät Hoaf Weedmaster 25/Infrarot-Wildkrautbeseitiger erläutert werden. Das Gerät besteht aus einem Strahlergehäuse, einem Verlängerungsarm mit Handgriff, einem Propangasschlauch, einer Schlauchbruchsicherung und einem Druckregler mit Gasanschlußarmatur. Die Gasflasche wird auf einem Wagen mitgeführt. Der Einsatz erfolgt auf kleinen und schwer zugänglichen Flächen. Die Arbeitsgeschwindigkeit richtet sich nach der Dichte der Verunkrautung. Die zu behandelnden Pflanzen sollen nur einer kurzzeitigen Temperaturbelastung von etwa 70 °C ausgesetzt und nicht bis in den Wurzelbereich verbrannt werden. Langjährige Erfahrungen haben gezeigt, daß die meisten Gräser sowie ein- und zweijährige Pflanzen und auch Jungpflanzen von mehrjährigen Kräutern mit zwei bis drei Behandlungen beseitigt werden. Rainfarn, Scharfgarbe, Spitzwegerich und Klee können auch bis zu sechs Behandlungen erfordern. Tiefwurzler, wie Löwenzahn, Distel, Sauerampfer oder

Abflämmen einer mit Wildkräutern belasteten Rasenfläche.

Quecke, müssen über zwei bis drei Vegetationsperioden intensiv behandelt werden. Etwa 65 % der aufliegenden Samen keimen nach einer Behandlung nicht mehr.

Klimatische Bedingungen begünstigen häufig das Wachstum der unerwünschten Pflanzen und erfordern einen höheren Einsatz von Flämmgeräten und, je nach Dichte und Höhe der abzuflämmenden Fläche, eventuell auch ein stärkeres Gerät.

Moosbekämpfung

Bei Moosbildung ist eine Bekämpfung der Ursache zu empfehlen. Meist durch Wasserstau und gleichzeitige Beschattung hervorgerufen muß unbedingt für einen zusätzlichen Abfluß des Oberflächenwassers gesorgt werden. Weitere Möglichkeiten sind das Flämmen oder der Einsatz eines Hochdruckreinigers. Doch bei unsachgemäßer Handhabung oder alten und porösen Fugen wird dabei u. U. auch Fugenmaterial entfernt. Der stetige Druck reißt die Fugen regelrecht auseinander. Bei Mosaikpflasterflächen sollen sogar schon einzelne Steine herumgewirbelt worden sein.

Sand- und Basaltfugen müssen ständig kontrolliert und gegebenenfalls durch Einschlämmen von neuem Fugenmaterial erneuert werden.

Fugenerneuerung

Fugen aus Mörtelmischungen können bei einer schwachen Zusammensetzung und intensiver Sonneneinstrahlung schnell porös werden und aufbrechen. Die Fläche sollte dann einheitlich neu verfugt werden, damit nicht durch differierende Zementanteile der Mörtelmischungen unterschiedliche Grautöne auftreten.

Eine Fugenerneuerung durch Kunststoffpflasterfugen setzt voraus, daß die Fugenbreite mindestens 5 mm beträgt, bis auf 30 mm ausgekratzt wird und die zu verfugende Fläche gänzlich gereinigt ist.

Versiegelung

Auch eine Versiegelung der Natursteinpflasterfläche kann zur Reinhaltung der Terrassen oder Gartenwege beitragen. So wird beispielsweise **vdw 900 Pflasterglanz** zur Versiegelung von Pflaster- und Natursteinflächen verwendet. Durch die Versiegelung werden die verschiedenen Natursteinpflastermaterialien wesentlich farbintensiver und erhalten einen Schutzfilm vor Verschmutzungen. Der Verbrauch beträgt etwa 0,3 l/m^2. Das acrylharzhaltige Bindemittel wird mit einem Flächenstreicher oder einer Lammfellrolle gleichmäßig auf den sauberen und trockenen Untergrund aufgetragen, wobei dieser Arbeitsgang bei Bedarf wiederholt werden kann. Anschließend wird die Fläche abgesperrt und für die Dauer von 12 Stunden (bei 20 °C) ein Regenschutz eingerichtet.

Auch bei Beachtung all dieser Pflegemaßnahmen kann natürlich niemand gewährleisten, daß sich nicht durch Unachtsamkeiten bei der Benutzung der Terrassen und Wege kleine Risse bilden oder durch irgendwelche Gegenstände Kratzspuren entstehen, in denen sich Wasser und Schmutz ansammeln und regelrecht miteinander wirken können.

Weitere Reinigungsmittel
Neben den bereits genannten Maßnahmen gibt es noch eine ganze Reihe von Mitteln, die für verschiedene Verschmutzungsarten entwickelt wurden.

Mörtelreste und Zementschleier auf den Naturpflastersteinen werden mit Zementschleier-Entfernern behandelt. Diese werden aufgetragen, nach kurzer Einwirkzeit wird nachgespült und mit viel Wasser nachgereinigt.

Es gibt Natursteinpflaster, und dazu zählt auch der Granit, die sehr eisenhaltig sind. Dies macht sich meist durch einen rostfarbenen Belag auf den Oberflächen der Steine bemerkbar.

Obwohl es sich hierbei um einen natürlichen Belag handelt, stört dieser „Makel" im sonst so sauberen Pflasterbild so manchen. Deshalb gibt es Rostentferner, die pur oder mit Wasser verdünnt aufgetragen werden, längere Zeit einwirken müssen (bis zu einem Tag), abgespült werden und eventuell nochmals aufgetragen werden müssen.

Bei Verschmutzung durch Öle, Fette oder gar Teerflecken kann man zum Beispiel auf **vdw 905 Pflasterclean** zurückgreifen. Es wird pur oder mit Wasser verdünnt gleichmäßig aufgetragen und mit einer Bürste bearbeitet, was den Reinigungseffekt erhöht.

Danach sollte mit Wasser gründlich nachgespült werden.

Abschließend sollte an dieser Stelle jedoch noch einmal betont werden: Eine wirklich ständig saubere, von allen oben angeführten Verschmutzungen verschonte Fläche wird man so gut wie gar nicht finden, da durch Umweltbelastungen, Abgase, Salze, unkorrekten Einbau des Oberbaues und des Natursteinbelages, falsches Verfugen, Beschattung und hohe Belastung zu viele Faktoren auf einmal einwirken können. Es kann nur immer das Bestreben sein, durch möglichst sach- und fachgerechtes Arbeiten und pfleglichen Umgang auch die notwendigen Pflegemaßnahmen auf ein Mindestmaß zu beschränken.

Verlegeformen, Muster und Ornamente

Nachfolgend sollen verschiedene Verlegeformen, insbesondere auch die Kreisverlegung detailliert dargestellt werden. Einige Sachverhalte und Arbeitsgänge, die bereits bei der Setztechnik am Beispiel einer einfachen Reihenpflasterung ohne Kreuzfuge angesprochen wurden, wiederholen sich bei fast allen Pflastervorgängen. Manchmal sind auch einige zusätzliche Hinweise oder Besonderheiten zu beachten, und es kann nicht oft genug auf bestimmte Arbeitsvorgänge, Arbeitstechniken und spezielle Regeln und Richtlinien hingewiesen werden.

Reihenpflasterung mit Kreuzfuge

Es ergibt sich ein faszinierendes Bild, wenn Fugen mit einer Breite von 1 cm kreuz wie quer in einer geraden Flucht verlaufen. Am häufigsten wird diese Art der Pflasterung bei Zwischenpflasterungen in bestehende Flächen angewandt. So setzt man z. B. mehrere Pflasterreihen zwischen Plattenbeläge aus Natur- und Betonstein. Hier ist es besonders wichtig, gleiche Steingrößen zu verwenden.

Im Abstand der Pflastersteingröße wird parallel zur vorgegebenen Einfassung eine Schnur etwa 0,5 bis 1,0 cm über dem fertigen Niveau gespannt. Sie gibt sowohl die Rammschlaghöhe, die im Anfangs- und Endpunkt unbedingt übereinstimmen und an beiden Punkten denselben Abstand aufweisen muß, als auch die Richtung an. Dies wird durch Überprüfen mit einem Pflasterstein oder durch genaues Einmessen mit einem Gliedermaßstab sichergestellt.

Damit die Reihen gerade verlaufen kommt es auch auf das exakte Ausführen der Einfassung an. Abweichungen erschweren das Ausrichten der Reihen und geben gerade im Anschlußbereich ein destruktives Fugenbild. Genaues Einmessen der Einfassung, Beibehalten der Abstände und präzises Arbeiten sind die Voraussetzungen für eine sichere Reihenverlegung.

Jeder Stein wird entlang der Schnur und der Einfassung in ein eigenes „Bett" gesetzt. Die Schnur markiert in diesem Fall die Steinkante zwischen Stein und Einfassung bleibt eine Fugenbreite von 1 cm.

Einen Pflasterstein in ein Sandbett „setzen" heißt: Mit der flachen, schmalen Seite des Pflasterhammers hebt man in dem aufgeworfenen Sand (nicht abgezogen wie bei Betonpflaster) eine leichte Vertiefung aus. Man setzt den Stein mit der Ansichtsfläche nach oben (bei dem meist konisch geformten Stein verjüngen sich die Seitenkanten nach unten) in das Sandbett hinein und klopft ihn mit der Hammerseite (breite Fläche) auf Höhe an. Danach wird der Stein in Richtung und Reihe zurechtgerückt.

„In Richtung und Reihe rücken" heißt: Man gibt dem Stein beim Anklopfen Halt, damit er sich nicht verschiebt.

Besteht keine Möglichkeit, mit einer Rüttelplatte oder einem Handstampfer das Pflaster auf Höhe zu bringen (das trifft besonders bei Einfassungen zu), werden die Steine direkt auf fertige Höhe gesetzt.

Erfahrene Pflasterer spannen die Schnur Reihe für Reihe und pflastern jeweils im Abstand von 1 cm Stein für Stein. Weniger erfahrene Pflasterer sollten zusätzlich zur Schnur als Hilfsmittel Abstandhalter von 1 cm Stärke zwischen das Natursteinpflaster einbringen. Dazu eignen sich z. B. Hölzchen oder Kunststoffstreifen. Sie verhindern ein Verschieben aus der Reihe heraus.

Die Querreihen sollten während des Pflasterns immer wieder überprüft werden, auch ein Blick „auf" die Fläche gibt Aufschluß über Exaktheit und Aussehen. Wer nur „in kniender Haltung" pflastert, verliert schnell die Übersicht. Selbst beim Versuch, noch so akkurat zu arbeiten, geraten nicht nur die Reihen leicht aus dem Lot, auch die

Dieser Weg wurde mit Zwischenreihen im Bogen gepflastert.

Höhen können trotz gespannter Schnur durch die Summe meist kleiner Fehler stark ansteigen.

Beim Pflastern wird „rückwärtig" gearbeitet, das heißt, der Pflasterer sitzt im Sandbett oder seitlich auf der Einfassung, aber **niemals** auf dem gesetzten Stein.

Es empfiehlt sich nicht, Reihenpflaster in einen gebogenen Weg einzubauen. Mit Kreisen, Schuppen und Bögen läßt sich hier viel mehr erreichen. Die Abstimmung ist beim Reihenpflaster erheblich schwieriger. Gleichgroße Natursteine bedingen fast immer sehr große Fugen, während sich unterschiedlich großes Material schon großzügiger handhaben läßt. Unter Rückgriff auf die verschiedenen Steingrößen werden die einzelnen Reihen der Kurve oder den Windungen des Weges angepaßt. Zuerst sollte jedoch eine Wegeeinfassung erstellt werden, um den genauen Verlauf der Reihen festzulegen.

Man kann mit kleinen schmalen bis länglichen Steinen an der Weginnenkante beginnen. Zur Außenkante hin nehmen die verwendeten Steingrößen stetig zu, um mit großen Pflastersteinen zu enden.

Als eine gestalterische Variante kann mit Zwischenreihen aus Mosaikpflaster gearbeitet werden. An der Stelle, wo der Bogen ansetzt, setzt anderes Material, z. B. eine Granitreihe aus Mosaik, die gesetzte Steinreihe ab. Je nach Stärke des Bogens werden an der Innenseite mindestens drei bis fünf (bei Bedarf auch noch mehr) Pflastersteine dem Verlauf entsprechend übereinander gesetzt. Vom zuletzt gesetzten Stein verläuft eine gerade Reihe rechtwinkelig zur Außenkante hin. Zwischen den beiden Reihen setzt man entlang der gebogenen Außenkante die parallel verlaufenden einzelnen Steine, die zwischen den beiden Reihen im Außenbereich eine Verbindung schaffen. Je nach Stärke des Wegebogens erhält man an der Außenkante eine größere Anzahl von Steinen, die nun eine reihenförmige Verbindung zur Innenkante des Weges benötigen. Dabei entstehen „Zwischenreihen", die durch Versatz kleinerer und größerer Mosaiksteine aufgefangen werden. Dadurch entsteht das Bild eines gleichbleibenden Reihenmusters.

Kreise

Beim Anlegen einer Kreisfläche ist besonders sorgfältig vorzugehen. Zuerst muß der Mittelpunkt für die zu erstellenden Kreise gefunden werden. Dazu werden Schnüre von den Endpunkten eines Quadrates oder Rechteckes (oder einer anders gearteten Fläche) diagonal gespannt. Der Kreuzungspunkt gibt die jeweilige Mitte an. An dieser Stelle wird nun ein Schnurnagel lotgerecht in die vorbereitete Fläche geschlagen. Er dient als Ausgangs- und Meßpunkt für den Kreisaufbau.

Schnüre bleiben auch weiterhin das wichtigste Hilfsmittel bei der Pflasterung. Sie dienen hier hauptsächlich dazu, die Höhen des Rammschlages einzuhalten. Die Fläche kann dabei „geviertelt" oder – bei größeren Kreisflächen – auch „geachtelt" werden. Zusätzliche Schnüre können quadratisch als Hilfshöhen hinzugezogen werden.

Im Normalfall wird von der Mitte nach außen gearbeitet, da der Pflasterer grundsätzlich „im Sandbett sitzt". Auf diese Weise vermeidet man, daß schon gelegte Kreise versehentlich zerstört werden. Die Steine werden seitlich hinter dem Pflasterer gelagert. Dadurch ist ein zügiger und reibungsloser Ablauf gewährleistet.

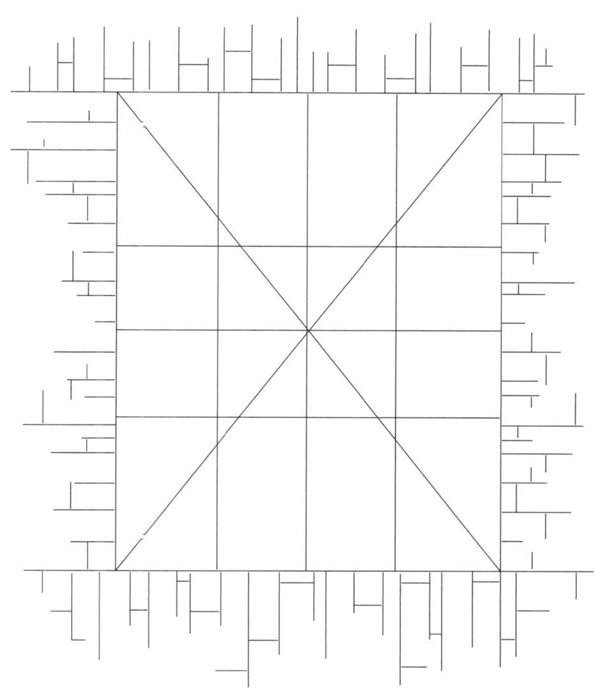

Abb.18.
Schnurgerüst für die zu verlegende Kreisfläche.

Die Innenfläche eines Kreises kann auf unterschiedliche Weise gestaltet werden. Wird Wert auf eine einheitliche Steingröße gelegt, kann man bei Mosaikpflaster den Kreis mit den „kleinsten" Steinen auspflastern. Bei Kleinpflaster werden Steine konisch geschlagen und eingepaßt, an der Stelle des Schnurnagels, also im Mittelpunkt, wird ein Stein mit abgerundeten Kanten gesetzt. Ebenso ließe sich ein rundes Natursteinplattenteil mit einem Durchmesser von etwa 20 cm einpassen, welches beispielsweise die Halterung für einen Sonnenschirm oder eine Wäschespinne verbirgt.

Wird ein Kreis mit verschiedenen Steingrößen gestaltet, empfiehlt es sich, die ersten zehn Reihen mit Mosaikpflaster und die darauffolgenden Reihen mit Kleinpflaster zu verlegen.

Das Verlegen der ersten Reihe gestaltet sich immer am schwierigsten. Die Reihe wird mit dem Bandmaß festgelegt. Eine Schnur oder ein Stück Dachlatte, bei denen die jeweiligen Reihenabstände markiert sind, eignen sich ebenso. Der Außenrand des ersten Kreises sollte zur Mitte einen Abstand von etwa 20 bis 25 cm haben.

Die Steine werden mit dem Pflasterhammer auf Schnurhöhe gesetzt, der Außenrand muß dabei exakt mit der Kreislinie abschließen. Es ist zu beachten, daß die schmalen Kantenlängen der Pflastersteine zur Kreismitte, die breiten nach außen zeigen.

Mit dem Bandmaß wird der Kreis anschließend überprüft und bei Bedarf „gerückt", das heißt, die Steine werden exakt in Kreisform gebracht.

Die folgenden Kreise werden nun dem zuvor gepflasterten angepaßt. Jedesmal wird der Abstand zur Mitte mit dem Bandmaß festgelegt. Kreuzfugen sind zu vermeiden. Abstände, Höhe und Lage der

◄ *Auf die vorbereitete Fläche wird Sand (Splitt, Trockenmischung) aufgebracht, der, im Gegensatz zum Verlegen von Betonpflaster, nicht abgezogen wird. Jetzt wird der Mittelpunkt für die Kreisfläche festgelegt. Dafür werden Schnüre diagonal auf Rammschlaghöhe (etwa 1 cm über der fertigen Höhe) oder Endhöhe gespannt. Der Kreuzungspunkt ist die Mitte. Dabei ist es unerheblich, ob die Fläche quadratisch, recht- oder dreieckig ist. Am gefälligsten wirkt jedoch immer die mittig gelegte Kreisfläche.*

◄ *Nun wird am Kreuzungspunkt ein Schnurnagel (Eisenpinn) lotrecht in den Boden geschlagen. Von diesem Punkt aus wird grundsätzlich das Maß der einzelnen Kreise mit dem Bandmaß, einer Schnur, einer Dachlatte mit Abstandsmarkierungen oder anderen Hilfsmitteln festgelegt.*

◄ *Dazu wird das Bandmaß mit der Schlaufe über den Schnurnagel gelegt und der Abstand von der Außenkante des Steines zur Mitte festgelegt. Es empfiehlt sich, auf einen Außenkreisabstand von etwa 25 cm zu gehen. Die Ausarbeitung der inneren Kreisfläche erfolgt gegen Ende der Pflasterarbeiten. Es ist wichtig, daß zuvor die zu verwendenden Steine ausgewählt wurden, weil die Steingröße natürlich einen großen Einfluß auf den zu wählenden Abstand hat. Bei Mosaikpflaster ist normalerweise der oben angegebene Abstand ausreichend, bei Kleinpflaster sollte er etwas größer gewählt werden.*

◄ *Nun werden zur Probe einige Steine kreisförmig auf dem lockeren Sand ausgelegt, bis der passende Viertel- oder Vollkreis mit gleichbleibendem Abstand zur Mitte gefunden ist. Um gefällige Kreise und eine dichte, geschlossene Kreisfläche zu erhalten, sollte man im inneren Bereich der Fläche mit acht bis zehn Mosaikpflasterreihen beginnen, die dann bei größer werdenden Kreisen in Kleinpflaster übergehen können. Von der Gestaltung her können die Kreise in gleichbleibenden kreisförmigen Mustern oder aber, beispielsweise durch Nutzung unterschiedlicher Steingrößen, abwechselnd verlegt werden.*

Mit der flachen, schmalen Seite des Pflasterhammers hebt man das „Bett" leicht aus und setzt den Stein senkrecht ein. Der Stein wird gut festgehalten (damit er nicht wieder verschoben wird) und mit der Rückseite des Pflasterhammers auf Schnurhöhe angeklopft. Den Begriff „Schnurhöhe" sollte man so verstehen, daß man zwischen der Steinoberkante und der gespannten Schnur etwa 3 bis 5 mm Luft läßt, um ein Anheben der Schnur durch die rauhe Oberfläche, beispielsweise eines Granitsteines, zu vermeiden. Eine Schnur auf „Rammschlaghöhe" wird also bis 5 mm höher gespannt.

Anklopfen bedeutet, daß der Stein einen gewissen Halt bekommt und nicht wegkippen kann. Sollte „direkt auf Höhe gesetzt werden", so wird der Stein direkt auf Schnurhöhe des fertigen Niveaus in die Bettung festgesetzt.

Ist der erste Kreis vollendet, wird die Außenkante nochmals auf den vorher festgelegten Abstand zur Mitte überprüft. Dann wird das neue Abstandsmaß zwischen der Mitte und dem nächsten Kreis entsprechend der Steingröße festgelegt.

Nun muß auch noch darauf geachtet werden, daß bei Einhaltung der richtigen Abstände keine Kreuzfugen entstehen, wie im Bild an der Schnur deutlich zu sehen ist. Kreuzfugen können vermieden werden, wenn der Stein des folgenden Kreises zwei Steine um rund ein Drittel bis eine Hälfte, mindestens aber um 1 cm, überdeckt, so daß über zwei oder mehrere Kreise keine sichtbare gerade Linie verläuft. Auch wenn man „knirsch" setzt, lassen sich Kreuzfugen vermeiden.

◄ *„Sand verbirgt des Pflasterers Schand." Gesandet wird erst, wenn die Pflasterfläche fertiggestellt ist, um so noch Korrekturen vornehmen zu können.*

◄ *Immer wieder müssen Abstand, Höhe und Fugenbild der neu verlegten Kreise überprüft werden. Wenn die ersten Kreise mit Mosaikpflaster gesetzt werden, kann auch der Maurerhammer mit kleinerer Schlagfläche eingesetzt werden.*

◄ *Hat man sich einmal auf den Außenrand eines Kreises als Maßabstand festgelegt, sollte beim Wechsel von Mosaik- zu Kleinpflaster nicht plötzlich der Innenkreis als Abstand benutzt werden. Der Kreis würde sofort aus der Form geraten.*

◄ *Kreis für Kreis wird nun von der Mitte aus rückwärtig verlegt. So wird vermieden, daß man selbst beim Verlegen Steine aus der Form „tritt", laufend gegenstößt und mehr Schaden anrichtet, als gut ist. Beim Erreichen des Kreisaußenrandes der Gesamtfläche werden die Restflächen des Quadrates oder anderer Formen kreisförmig weiter ausgepflastert, damit im Kreisgefüge kein Bruch entsteht. Vor dem Einsanden wird die Kreisfläche noch einmal überprüft, korrigiert und gerichtet. Die Gradflächigkeit kann mit einem Richtscheid überprüft werden.*

Sand wird auf die Fläche aufgebracht, mit dem Besen eingefegt und dabei eingeschlämmt. Beim Rammschlag wird die Fläche mit einer Rüttelplatte möglichst kreisförmig auf Höhe abgerüttelt, um die Fugenform zu wahren. Wird quer- bzw. geradlinig abgerüttelt, kann es zu Verwerfungen kommen, die den Kreis eckig erscheinen lassen. Dann wird nachgefegt, eventuell nochmals eingeschlämmt und sauber abgefegt. Je nach Material, beispielsweise bei leicht brüchigem Hart- oder Sandstein, sollte eine Rolle oder Gummischürze unter der Rüttelplatte angebracht werden, die den Druck etwas mindert. Liegt die Fläche schon auf Höhe, wird der aufgebrachte Sand eingeschlämmt und abgefegt. Leichte Unebenheiten gleicht man mit einem Handstampfer, Pflasterhammer oder auch mit einem Gummihammer aus.

Steine werden immer wieder überprüft, so daß man Abweichungen rasch und ohne großen Aufwand korrigieren kann.

Die Steine sollten sich an den Seiten berühren, man spricht hierbei von seitlich „knirsch“ verlegen. Auf diese Weise wird den Scher- und Schubkräften entgegengewirkt. Durch die unterschiedlichen Größen der Steine entstehen in den Kreisreihen automatisch Fugen, durch die unterschiedlich gebrochenen Steinkanten bleiben Fugen auch im seitlichen Abstand.

Oft ist die Gestaltung einer Fläche auch durch bestimmte Gegebenheiten festgelegt, beispielsweise wenn eine Terrassenfläche in einem Hauswinkel liegt. In einem solchen Fall kann die Kreisfläche aus dem Winkel heraus von außen nach innen in einer Hälfte bis zur Mitte gesetzt und dann, wie zuvor beschrieben, von der Mitte nach außen vervollständigt werden.

Auch hier soll noch einmal anhand von Fotos gezeigt werden, in welchen Schritten, mit welchen Hilfsmitteln und Techniken ein Kreis von Anfang bis Ende gelegt wird.

Schuppen

Zum Pflastern von Schuppen sollte man sich eine Schablone aus Holz oder hartem Kunststoff zurechtsägen. Nur sehr geübte Pflasterer legen Schuppen frei aus der Hand.

Die Ausgangsform bildet ein Halbkreis, dessen Durchmesser bzw. Breite 60 bis 120 cm betragen kann. Viel größer sollten die Schuppen im allgemeinen nicht sein, außerdem sollten sie in der Größe den

„Schuppe an Schuppe.“

Die Schuppenbögen werden um eine Schablone gepflastert.

Ausgepflastert wird in nach innen verlaufenden Halbkreisbögen.

jeweiligen Gegebenheiten angepaßt werden. Je nachdem, ob man Schuppe an Schuppe verlegt oder ein oder zwei Steine zwischen den einzelnen Schuppen einpaßt, ergibt sich ein anderes Bild. Mosaikpflaster eignet sich für die Größenordnungen, in denen Schuppen eingesetzt werden, am besten.

Voraussetzungen für das Setzen der einzelnen Steine in Schuppenform sind:

- ein vorbereites Sandbett,
- Schnüre, die wechselnd in der Mitte einer Schuppe sowie am Rand (oder in der Mitte des dazwischenliegenden Steines) gespannt werden und Richtung und Höhe angeben,
- verschiedene Steinfarben, z. B. roter und grauer Granit: Rot zur Darstellung des Schuppenrandes und Grau zum Auspflastern.

Beim Pflastern sollte aus einem rechtwinkligen Bereich heraus mit einer „halben" Schuppe begonnen werden. Dabei wird die Schablone auch halb an die vorgegebene gerade Kante angelegt, der „rote" Mosaikstein um die Schablone gepflastert, so daß ein Viertelkreis entsteht. Der Außenrand ergibt hierbei immer eine gerade Kante. Seitlich neben das Ende des Viertelkreises wird ein „grauer" Mosaikstein gesetzt und daneben anschließend wieder ein „roter". Dieser bildet den Ausgangspunkt für das erneute Anlegen der Schablone. Zur Vereinfachung können die Schnüre über diesen jeweiligen „Mittelstein" gespannt werden. Sie geben grundsätzlich die Richtung sowie den Beginn einer neuen Schuppe an. Die Höhe der Schuppen sowie deren rechtwinklige Form wird mit Hilfe einer quergespannten Schnur oder eines Richtscheids (Aluminiumlatte) überprüft.

Ausgepflastert wird in nach innen verlaufenden Halbkreisbögen. Die Basisschuppen werden dabei normal ausgepflastert, bei den darüberliegenden wird der Halbkreis von innen zuerst bedacht.

Dann geht man den Formen der darunterliegenden Viertelkreise nach, wodurch man die Ansätze für die Halbkreisbögen erhält, die dann erst ausgepflastert werden. Je nachdem, wie die Einfassung der Fläche verläuft, enden die Schuppen so, als würden sie über die Begrenzung weitergehen. Es erfolgt also kein Angleichen oder Verformen der Schuppen. Das gleiche gilt für den Anfang oder das Ende eines Schuppenmusters. Sollte die Anfangs-

Gute Dienste leisten eine rechtwinklig angelegte 5 m lange Wiegelatte und eine Schablone, wenn die Schuppen andersherum gesetzt werden müssen.

Schuppen mit Zwischenstein.

kante schräg oder eventuell rund verlaufen, ist der am weitesten zurückliegende Punkt zu berücksichtigen. Das heißt, man beginnt in der „hintersten Ecke", auch wenn zwei Schuppen daneben die Begrenzung in Tiefe und Breite bereits erreicht haben.

Auf den begonnenen Schuppen wird weiter aufgebaut, so daß trotz nicht rechtwinkliger Fläche ein gleichmäßiges Schuppenbild entsteht.

Kleiner und gedrungener wirkt eine Schuppenfläche, wenn „Schuppe an Schuppe" gesetzt wird. Hier stoßen die Außensteine des Schuppenhalbkreises an der Basis direkt zusammen und ebenso auf der Mitte eines jeden Halbkreises. Von der Verlegetechnik her unterscheidet sich der Ablauf nicht.

Wird aus irgendwelchen Gründen „verkehrt herum" angefangen, also mit der Schuppenspitze an der Umrandung, muß der jeweilige Schuppenhalbkreis genau rechtwinklig eingemessen werden. In den Schuppen darf sich keine Verschiebung ergeben; sie hätte für eine saubere Weiterverlegung fatale Folgen.

Die Halbkreise müssen nebeneinander in der Flucht liegen. Gute Dienste leistet hier eine 5 m lange Wiegelatte. Der Außenkreis wird zuerst gesetzt, und die weiteren Arbeiten werden, wie zuvor beschrieben, fortgeführt.

Segmentbögen

Berechnung der Bogenhöhe:
s : 5 + 1 = h
(s = Sehne = Bogenbreite;
h = Bogenhöhe)

Die Grundform des Segmentbogenpflasters bildet der Kreisabschnitt. Ausgangsbasis ist dabei die Breite der Sehne, die durch ihre variable Gestaltung die Bögen leicht und fast „tragend“ wirken läßt.

Die Bogenbreite richtet sich nach der Natursteingröße bzw. den vorhandenen Gegebenheiten. Allgemein kann gesagt werden, daß bei Mosaikpflaster mit Kantenlängen von 40 mm die Bogenbreite auf etwa 80 bis 120 cm, bei Kantenlängen von 60 mm auf 120 bis 140 cm und bei Kleinpflaster mit den Kantenlängen 80 mm auf 140 bis 180 cm festgelegt wird. Man kann die Segmentbögen aber auch nach individuellen Vorstellungen gestalten.

Die genannte Formel ergibt einen sehr flachen und dadurch auch sehr schwer zu erstellenden Bogen. Nehmen wir beispielsweise einen Bogen von 1,00 m Breite, so hat dieser eine Höhe von 21 cm (100 : 5 + 1 = 21). Selbst bei 1,50 m Breite ist der Bogen nur 10 cm höher. Deshalb wird bei der Festlegung der Bogenmaße häufig ein anderer Teilungsfaktor (z. B. Teilungsfaktor 4) verwendet.

Selbstverständlich ist es auch möglich, ganz individuell zu verfahren und eine beliebige Bogenhöhe abzustecken, die aber aus rein optischen Gründen etwa 20 % unter dem Radius bleiben sollte.

In unserem Beispiel sollte sie also 40 cm nicht überschreiten. Auf diese Weise entsteht ein extrem steiler Bogen, der in einer Verzahnung ebenso wie bei Schuppen recht ansprechend wirken kann.

Wichtig bei der Erstellung von Segmentbögen ist es, die einmal festgelegte Bogenhöhe durchgängig einzuhalten; der Bogen darf nicht flacher oder spitzer werden.

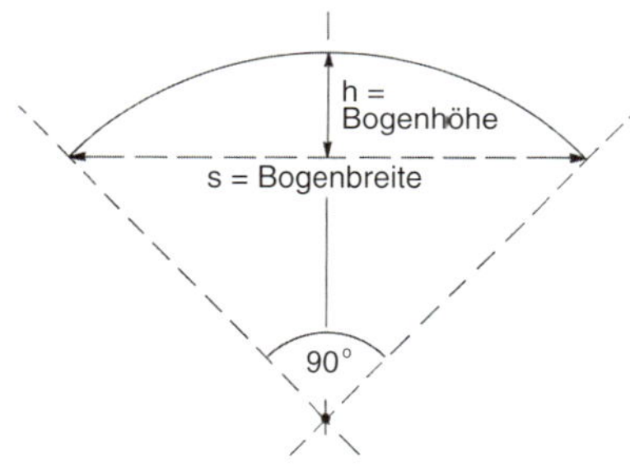

Abb. 19.
Festlegung des Bogens mit Hilfe des Radius (nach Nefele).

Einfache Segmentbögen

Für Wege im Garten oder für Hauseingänge eignen sich die einfachen Segmentbögen besonders. Wieder kommt es beim Setzen auf einen korrekten Anfang an. Wenn der erste Bogen exakt liegt, können die anderen folgerichtig gearbeitet werden. Und doch ist dabei noch vieles zu berücksichtigen.

Um gleichmäßige Bögen zu erzielen, bieten sich drei Verfahren an. Erstens: Man mißt die jeweilige neue Bogenhöhe (Innenkante) am mittleren Pflasterstein und den Randsteinen eines Halbbogens. Zweitens: Man benutzt den Radius des Bogens, dessen Mittelpunkt am Anfang außerhalb des Pflasterbereichs liegt und sich bei jedem neuen Bogen in Richtung der Pflasterung verschiebt (siehe Skizze). Drittens: Bei größeren Flächen bietet es sich an, mit einer Schablone zu arbeiten.

Beim Setzen der Steine ist darauf zu achten, daß die schmalere Seite zur Innenkante des Bogens zeigt. Es muß eine gerade, exakt runde Kante entstehen, welche knirsch verlegt wird, um den Schub- und Scherkräften entgegenzuwirken. Allerdings wirken diese Kräfte auf Gartenwegen nicht so stark, wie bei Garageneinfahrten oder stark beanspruchten Wegen und Terrassen.

Links oben: Zuerst werden die beiden äußeren Steine sowie der Stein der Bogenhöhe gesetzt. Anschließend können die Zwischenräume ausgefüllt werden, wobei auf die Bogenführung zu achten ist.

Links unten: Ein Abknicken im Bogen ist unbedingt zu vermeiden.

Oben: Stets werden am Rand kleine Steine gesetzt; zur Mitte hin große, um die Bogenform beizubehalten. An den Rändern und in der Mitte des Bogens werden Schnüre gespannt, welche die Richtung und Verlegehöhe angeben. Nach einigen gesetzten Reihen ist immer wieder die rechtwinklige Lage des Bogens zur Fläche zu überprüfen, um ein seitliches Abfallen oder Ansteigen zu vermeiden.

Es wird grundsätzlich im rückwärtigen Verfahren verlegt. Jeder Stein bekommt sein eigenes Sand-, Splitt- oder Mörtelbett, wird mit dem Pflasterhammer auf Höhe gebracht und ausgerichtet.

Soll die Bogenfläche eine Umrandung mit einer Pflasterzeile erhalten, müssen die Ecken der Bogenränder in Form von Dreiecken eingeschnitten und nachträglich oder sofort passend eingesetzt werden. Die Umrandung liegt nach Möglichkeit in einem Mischungsbett. Sie gibt bei Sand- oder Splittverlegung die seitliche Stabilität.

Bei auslaufenden Bögen mit Boden- oder Rasenanschluß sollten die Bogenränder ebenfalls in Mischung gesetzt und bei Bedarf zusätzlich mit Mischungsschrägen versehen werden.

Mehrfachsegmentbögen

Um das Einschneiden zu vermeiden, sind die Segmentbögen so zu wählen, daß an der vorher erstellten oder vorhandenen Umrandung der Fläche mit einem halben Bogen begonnen wird.

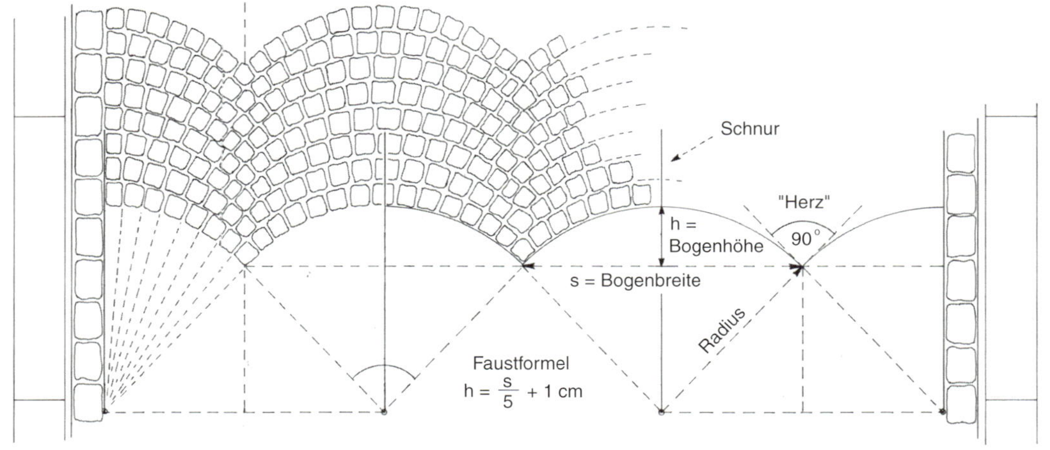

Abb. 20. *Korrekt gelegte Bögen.*

Segmentbogenfläche.

Zuerst wird die Gesamtlänge der zu verlegenden Fläche (z. B. eine Doppelgarageneinfahrt) genau ausgemessen. Danach werden die Bögen entweder so aufgeteilt, daß sie in ihrer Breite genau aufgehen, d. h., man beginnt und endet mit einem halben Bogen oder man beginnt auf einer Seite mit einer vollen Bogenbreite und läßt den Bogen an der anderen Seite auslaufen.

Schnüre werden jeweils an den halben Bögen sowie dem „schräg" gesetzten Stein auf Rammschlaghöhe und in Richtung gespannt. Dabei benutzt man die Seiten des schräg gesetzten Steines als Anlegekanten in Bogenrichtung. Folgt man dem Bogenverlauf in der festgelegten Bogenhöhe wird ein Abknicken verhindert. Ein Grundsatz besagt, daß kleine Steine am Bogenrand zu setzen sind und größere zur Mitte hin, um die folgenden Bögen auf gleicher Höhe zu halten. Hilfreich ist dabei, daß sich die konischen Steine um 90° gedreht zur Mitte des Bogens hin öffnen bzw. größer werden und zur anderen Seite genau entgegengesetzt verfahren, dabei aber auch hier den am Bogenausgang schräg gesetzten Stein ohne abzuknicken treffen.

Wie diese Bögen gelegt werden – ob von links nach rechts, oder von der Mitte zu den Außenkanten – sollte jedem selbst überlassen werden. Hauptsache ist, die Vorderkante ist gerade, Stein knirsch an Stein gesetzt, in einem gefälligen Bogen ohne dabei abzuknicken, rechtwinklig und auf Höhe und im Auslauf an der Umrandung glatt anstoßend oder eingeschnitten.

Segmentbögen in Schuppenform

Hierbei handelt es sich nicht um Segmentbögen, die wie Halbkreise gestaltet sind, sondern um Bögen, die wie beim Schuppenmuster auf dem jeweiligen Höhenendpunkt aufgesetzt werden.

Begonnen wird, wie bei den Segmentbögen beschrieben, mit der Festlegung von Bogenhöhe und Bogenbreite (bei größeren Flächen bietet sich immer ein Maß zwischen 120 bis 140 cm an). Dafür spannt man Schnüre für Höhe und Richtung über Bogenränder und Bogenmitte, wobei die Bogenmitte gleichbedeutend mit dem Aufsatz des neuen Bogens ist. Anschließend setzt man die ersten Basisbögen rechtwinklig und sehr exakt.

Je nach Höhe des Bogens – gleichgültig wie flach oder hoch – muß eine gleichbleibende Rundung geformt werden. Man sollte nicht versuchen, durch Zwischensetzen von Mosaik- oder Kleinpflastersteinen den Bogen zu „reparieren". Der Bogen kommt trotzdem aus der

Segmentbögen in Schuppenform.

Form, und das Ansetzen des nächsten Bogens wird sehr erschwert, weil sich zwischen den Bögen sehr große Fugen bilden und die Schub- und Scherfestigkeit nicht mehr gewährleistet ist.

Beim Verlegen ist darauf zu achten, daß immer der konische Bereich der Steine ausgenutzt wird. Die schmale Seite kommt im Innenbogen, die breite Seite im Außenbogen zum Liegen. Zur Mitte hin benutzt man größere Steine zur Beibehaltung des Bogens.

Um die Schuppenform zu erreichen, wird an der jeweiligen Bogenmitte unter Berücksichtigung der einzuhaltenden Bogenhöhe ein stark konisch ausgeprägter oder speziell dafür bearbeiteter Naturstein angelegt und der Bogen in Richtung der neuen Bogenmitte gesetzt.

Wie beim Schuppenpflaster wird der innere Teil zugesetzt, wobei dabei immer dem Innenbogenbereich gefolgt wird, indem an den darunterliegenden Außenbögen stark konische oder bearbeitete Steine angelegt werden.

Grundsätzlich werden die Steine „in das Bett" und im Bogen knirsch aneinandergesetzt. Je exakter gearbeitet wird, desto geschlossener und vorteilhafter sieht die Fläche aus.

Verwachsene Segmentbögen

Bei der „Verwachsung" der Segmentbögen „verrutschen" die von der Basis her schräg gesetzten Steine, die dennoch Bogen für Bogen gleichmäßig verlaufen.

Verwachsende Segmentbögen.

Vor dem Beginn des Pflasterns wird die Richtung entsprechend der Fläche bestimmt. Das heißt, es wird ausgewählt, welcher Bogen zuerst kleiner und später wieder breiter wird. Geht man von drei Bögen aus, bedeutet dies, daß die äußeren Bögen auf dem inneren „aufsitzen". Sie verkürzen ihn von Bogen zu Bogen regelrecht Stein für Stein, und zwar so lange, bis die beiden Außenbögen sich in der Mitte des dann nicht mehr vorhandenen mittleren Bogens treffen, oder es tritt der umgekehrte Fall ein, daß der mittlere Bogen bis zur Überlappung der äußeren Bögen erweitert wird.

Allgemein ist hier besondere Vorsicht geboten, da man beim Setzen der Steine sehr leicht die Übersicht verlieren kann. Aufgetretene Pflasterfehler, wie Kreuzfugen, falscher Reihenanschluß, sehr unterschiedliche Steingrößen, Verlust der Rechtwinkligkeit und Richtung, entdeckt nicht nur der Fachmann ziemlich schnell, sie sind auch schwer bis gar nicht mehr zu korrigieren.

Pflastermuster und Ornamente

Muster und Ornamente fordern das gestalterische Talent des Pflasterers heraus. Hier kann er spezielle Verlegetechniken umsetzen, neue Muster und Formen entwerfen und Wünsche und Vorstellungen des

Oben:
Kreise, Schuppen oder Bögen an Reihenpflaster gelegt…

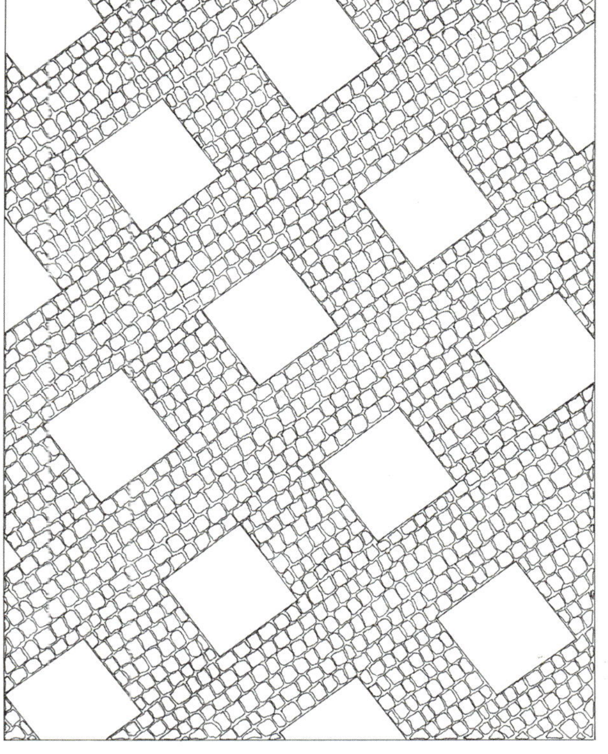

Abb.21. (rechts):
Diagonal gelegtes Reihenpflaster erzeugt Wirkung.

… lassen Übergänge großzügig nutzen. Voraussetzung ist, daß entsprechend Dreieckstücke zwischen Kreis und Gerade eingepaßt werden (unten).

Kunden in die Realität umsetzen. Die Vielfalt von Natursteinpflaster in bezug auf Farbe, Größe und Form eröffnet ungeahnte Möglichkeiten der Gestaltung.

So lassen sich strenge, oft konservative Formen, die man fast ausschließlich vom Betonpflaster her kennt, auch mit Naturstein nachempfinden. Erinnert sei an die starre Verlegung von dominierendem Reihenpflaster, das z. B. durch andere Natursteinmaterialien in Plattenform unterbrochen wird. Ebenso läßt sich Großpflaster einpassen,

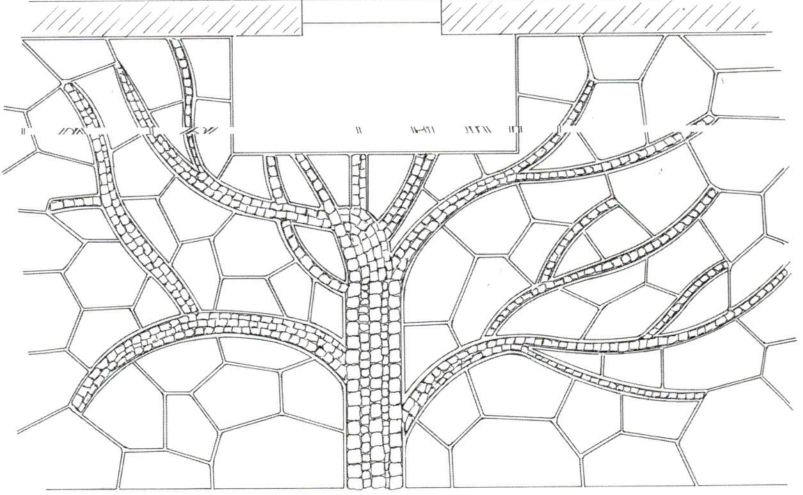

Abb.22.
Eine vom üblichen Eingangs- oder Terrassenpflaster abweichende Gestaltung ist beispielsweise ein solcher vor dem Haus „liegender" Baum (Planung und Ausführung).

oder es werden aufgemauerte „Pflasterpflanzkübel" integriert. Natürlich besteht auch die Möglichkeit, in den Pflanzflächen bestimmte Pflanzbereiche auszulassen.

Wesentlich feiner in der Abstimmung wirken geschwungene, weiche Formen, wie Ovale (nicht unbedingt Kreise und Bögen), seitlich verschobene, geschwungene Wege, wellenförmige Terrassen oder einfach Pflasterungen, bei denen man gar nicht genau erkennen kann, was eigentlich gestalterisch (vielleicht auch künstlerisch) ausgesagt werden soll. Hier ist das Zusammenspiel der einzelnen Pflasterarten ausschlaggebend. Dabei darf aber nicht die Linie der Verlegetechnik verloren gehen. Der Landschaftsgärtner bürgt mit seiner Fachkenntnis für die Qualität .

Kunden äußern beispielsweise bei Hauseingängen gern Wünsche hinsichtlich einer ganz bestimmten Pflasterung. Hier sind vorrangig persönliche oder berufliche Gründe Ideenlieferanten für gestalterische Lösungen. Überdimensionale bis kleine Hausnummern, die Initialen des Hauseigentümers, das Apotheker-A, ein großer Notenschlüssel für den Musiker, das GaLaBau-Zeichen oder Firmenlogos sind nur einige Beispiele; die Reihe könnte beliebig weitergeführt werden.

Neben den bisher ausführlich erläuterten Verlegeformen, wie Kreise, Schuppen, Segmentbögen u. ä., gibt es natürlich auch noch die Möglichkeit, frei entworfene und frei gesetzte Pflasterungen aus Naturstein zu gestalten. Es ist jedoch nicht ganz einfach, unter Einhaltung aller bautechnischen Grundsätze einen Bogen als Übergang zwischen zwei Wegeflächen zu errichten. Dabei spielen viele Faktoren, wie die Beibehaltung des einmal begonnenen Bogens, die Verzahnung ohne Kreuzfuge, die korrekte Steinauswahl, die Beachtung der konischen Seite des Natursteines sowie die Einhaltung der vorgegebenen Anschlußhöhen bei der Übertragung auf den Weg eine Rolle. Und es erfordert bereits eine gewisse Fertigkeit, ohne Schnur und ohne gleichmäßigen Bogenradius eine perfekte Wegeführung zu erstellen.

Ebenso schwer ist es, spezielle gedanklich festgelegte Formen umzusetzen. Dabei ist es zwar gestalterisch einfach, bestimmte Formen, wie Kreise oder Bögen, auch unter Verwendung anderer Natursteinmaterialien, fließend, in nicht gleichmäßigen Rahmen zu verbinden. Erschwerend wirkt hier jedoch, daß die passenden Steine zum Auspflastern gefunden werden müssen, und es wird ein gewisses Maß an Geduld gefordert. Natürlich sind auch bei aller „freien Gestaltung“ die Grundsätze des Pflasterns zu befolgen.

„Wildverband“

Eine spezielle Form beim freien Gestalten ist das Pflastern eines „Wildverbandes“. Man unterliegt bei dieser Pflasterform zwar keinen direkten bautechnischen Zwängen, doch erfordert das „Wild-Durcheinander-Setzen“ der Pflastersteine einiges an Übersicht. In dem fast „reihenförmig“ verlegten Pflaster muß eine gewisse Verzahnung stattfinden. Die Fugen dürfen auch nicht riesig groß sein, da sonst kein Halt gewährleistet werden kann. Es muß also auch hier eine sehr genaue Steinauswahl erfolgen. Bewährt hat sich in diesem Fall das Material Granit in den verschiedensten Farbtönen. Aber auch ein Basaltpflaster, mit seinen unterschiedlichen Steingrößen und den glänzenden Köpfen ist sehr wirkungsvoll.

Ornament in Blaugrau und Weiß im Wildverband verlegt.

Kieselpflaster

Kieselpflaster wird gegenwärtig eigentlich nur noch sehr selten verlegt. Wir finden es aber noch ab und zu auf kleinen Plätzen oder als Auflösung und kleines Kunstwerk in einer Terrasse, als Einfassung einer Teichanlage, eines Grillplatzes oder eines Baumes. Auch für die japanischen, kunstvoll angelegten Gärten stellt es eine interessante Gestaltungsmöglichkeit dar.

Die Verlegetechnik für Kieselpflaster ist eigentlich relativ problemlos zu realisieren. Die zu verlegende Fläche wird eingeschalt und mit etwa 5 cm relativ feuchter Beton- oder Mörtelmischung aufgefüllt. Anschließend wird die Oberfläche geglättet und zügig mit gleichgroßen

Kieselpflaster.

Kieselsteinen belegt. Die Größe und Ausrichtung der Steine (liegt die flache oder spitze Seite des Steines an der Oberfläche) sind von der gewünschten Form und dem erwarteten „Bild" abhängig. Optimal ist eine Steingröße von 5 bis 9 cm. Die Steine müssen bis zur Hälfte in den Bettungsbereich gedrückt (später weniger Ausplatzen) und reihenweise versetzt werden, damit sie dicht aneinanderstoßen und die Rundungen oder Spitzen ineinandergreifen.

Man sollte immer nur eine kleine Teilfläche bearbeiten und so fertigstellen, daß die Oberfläche der Steine eben ist.

Zum Erreichen einer ebenen Oberfläche werden die Steine mit einem aufgelegten Brett oder Kantholz geklopft. In dieser Weise wird vorgegangen, bis die ganze Fläche komplett geschlossen ist. Zur Kontrolle sollte mit einem langen Brett oder einer Wiegelatte die „Ebenflächigkeit" nochmals überprüft werden. Damit kein Wasser auf der Fläche stehen bleiben kann (Frostgefahr), wird in der Bettungsfläche ein Gefälle von 2 bis 3 % vorbereitet.

Rasenpflaster.

Rasenpflaster

Häufig wird über die anstehende Feuchtigkeit und die dadurch entstehende schwierige Begehbarkeit der Grünflächen im Hausgarten geschimpft. Rasenpflaster ist die technische Verlegemöglichkeit zur Befestigung einer Rasenfläche, die nur von Zeit zu Zeit begangen oder befahren wird. Die häufigste Variante in der Ausführung stellt eigentlich das Großpflaster dar (die Kantenlänge der Steine sollte nicht kleiner als 100 mm sein), mit 2 bis 3 cm großen Fugen, in die entweder Rasen eingesät wird oder Rasenstücke in der erforderlichen Breite direkt eingepflanzt werden. Dies hat den Vorteil, daß die Rasenfläche sehr schnell wieder geschlossen und gleichzeitig sofort begehbar ist.

Für das Großpflaster muß bei begehbaren Rasenflächen oder Rasenwegen auf Grund der Steingröße kein spezieller Oberbau geschaffen werden. Es ist völlig ausreichend, die Steine einfach in das Erdreich zu setzen, den in die Fugen eingebrachten Boden einzuschläm-

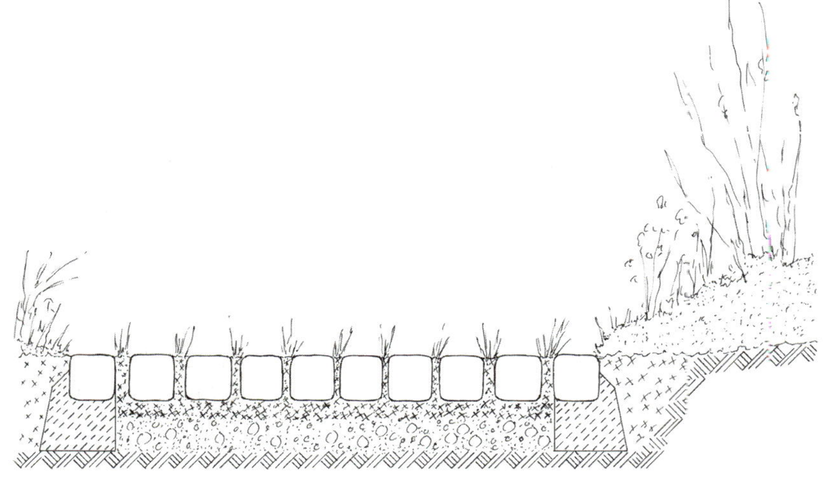

Abb.23.
Querschnitt eines Rasenpflasters.

men, einzusäen oder mit Rasenstücken fertig zu bepflanzen. Sollte der Boden zu naß sein, sind eine leichte Auskofferung und eine Sandbettunterlage zu empfehlen. Nach einiger Zeit sind die Steine „eingewachsen". Gerade in Hausgärten, wo keine Möglichkeit besteht, großartige Wege zu bauen, bietet sich eine solche Lösung an. Eine optische Täuschung wird erreicht, indem man die mittleren Fugen eng setzt und in Richtung Rasenfläche die Rasenfugen breiter werden läßt, so daß es aussieht, als würden die Wegränder in den Rasen hineinwachsen.

Soll die Rasenfläche befahren werden oder als Stellplatz dienen, ist die Herstellung eines entsprechenden Oberbaues zu empfehlen. Dazu wird nach dem Auskoffern eine 15 cm starke Tragschicht 0/32 eingebaut. Darauf folgt ein 3 bis 5 cm starkes Sandbett der Körnung 0/4, in welches die Groß- oder Kleinpflastersteine gerammt werden. Die Fugen sollten etwa doppelt so groß wie bei der herkömmlichen Verlegung sein. Sie werden zum Schluß etwa 3 bis 5 cm hoch mit geeignetem Oberboden verfüllt. Oberboden und Pflasteroberkante müssen nach dem Verfüllen eine gemeinsame Höhe aufweisen. Eine geeignete Saatgutmischung mit trittfesten und wiederstandsfähigen Gräsern (am besten eignet sich eine Trockenrasenmischung, RSM 2.2, RSM 5 und RSM 7.2) kann dann in den Fugen ausgebracht werden.

Abb.24.
Aufnahme verschiedener Pflasterbögen durch Läuferreihen.

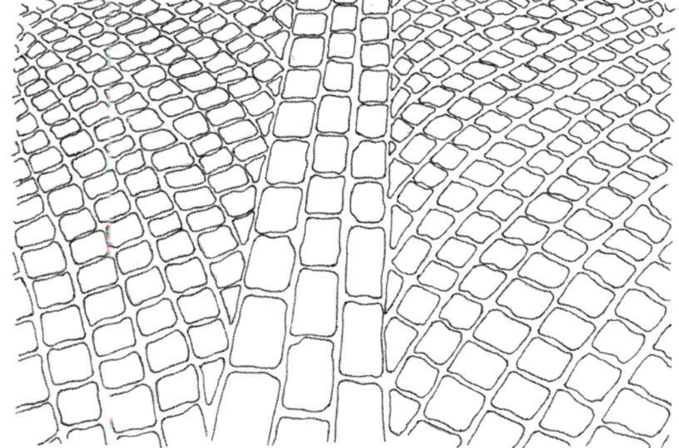

Besonderheiten und Lösungen

Wenn Kreisflächen aneinanderstoßen entsteht häufig das Problem des Einschneidens oder Zuschlagens von Natursteinpflaster. Um dies zu vermeiden, wird die zu verlegende Fläche in ein Raster aufgeteilt. Dadurch können die Kreis- oder Bögenanschlüsse durch die entstandenen Läuferreihen aufgefangen werden.

Wenn in einem Raster Viertelbögen aufeinandertreffen, deren Radius sich entweder gleichmäßig an den jeweiligen Eckpunkten des Rasters befindet oder über die Eckpunkte hinausragt, wird mit Elypsen ausgepflastert.

Bei der Kombination eines Natursteinmaterials mit anderen Natursteinen gibt es eigentlich keine größeren Probleme. Beim Einbau von Mosaikpflaster und Kleinpflaster in eine Plattenfläche sollte allerdings beachtet werden, daß die gepflasterte Form (das Motiv) so vorgefertigt wird, wie es einmal aussehen soll oder wie es in einem Plan vorgegeben wird. Dann werden die polygonalen Plattenteile geschlagen und eingepaßt.

Je nachdem wie die Platten brechen und später liegen, wird das schon gesetzte Natursteinpflaster an die Platten angepflastert und

Große Schwierigkeiten bereitet häufig der Einbau von Hofabläufen oder die Umpflasterung von Kanaldeckeln. Der Einbau dieses Hofablaufes ist recht gut gelungen. Es stört allerdings etwas, daß er an einem Halbkreis endet und nur von einer Pflasterzeile umrandet wird. Dadurch wird das Erdreich der angrenzenden Pflanzung bei stärkeren Regenfällen hineingespült, und bei einem Sturzregen kann das Wasser unter Umständen sogar stehenbleiben, da der Eimer und der Hofablauf selbst verstopft sind.

Auch Kanaldeckel können für den Pflasterer ein Problem darstellen. In diesem Fall laufen die Kreisbögen des Pflasters direkt auf den Kanaldeckel zu. Dadurch wird die Harmonie der Fläche gestört. Auch der Versuch, den Deckelinnenteil mit dem gleichen Steinmaterial auszupflastern, führte nicht zur erzielten Wirkung.

Oben: Pflanzkübel aus Natursteinpflaster.

Links: Um einen mit Halbbögen verlegten Weg attraktiver zu gestalten, kann man in die offene Bogenseite einen Kreis in der anstehenden Wegbreite versetzen, der auf der anderen Seite die Fortführung der Bogenrichtung ändert.

festgesetzt, eventuell gar erweitert oder mit größeren Steinen gearbeitet. Bereitet man solche Flächen vor, kann ein Plan nur ein Hinweis sein, alles andere gestaltet sich individuell. Die Platten der vorbereiteten Fläche werden numeriert und fotografiert, abgebaut und an Ort und Stelle zuerst in eine Zementmörtelmischung verlegt. Dann erst werden die schon vorher gepflasterten Klein- und Mosaikpflastersteine in die so entstandenen Lücken gesetzt und nachgerichtet. (Siehe auch Bild und Zeichnung S. 78).

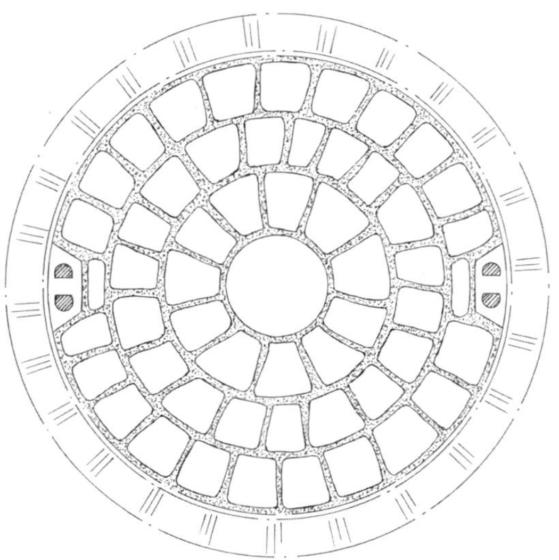

Abb.25.
Besser wäre es gewesen, den Kanaldeckel (das gilt gleichermaßen für alle runden Hofeinläufe) mit dem Pflaster zu umranden und auch das „Innenleben" des Kanaldeckels kreisförmig zu gestalten. Dafür würde sich dann wahrscheinlich ein Mosaikpflaster anbieten.

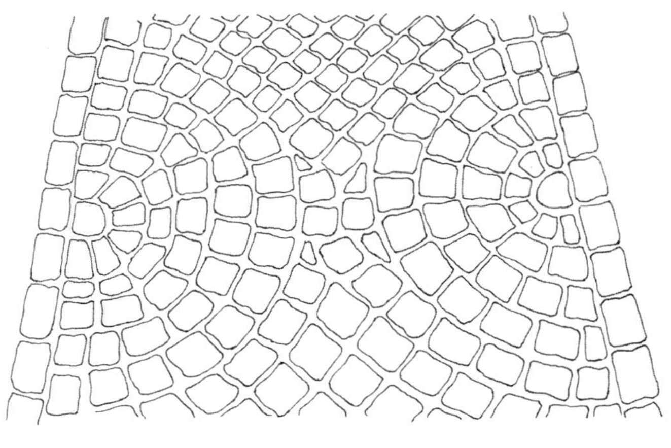

Abb.26.
Da, wo Bogenspitzen aufeinandertreffen, können querliegende Halbkreise, die den Bögen angepaßt werden, die Fläche komplettieren.

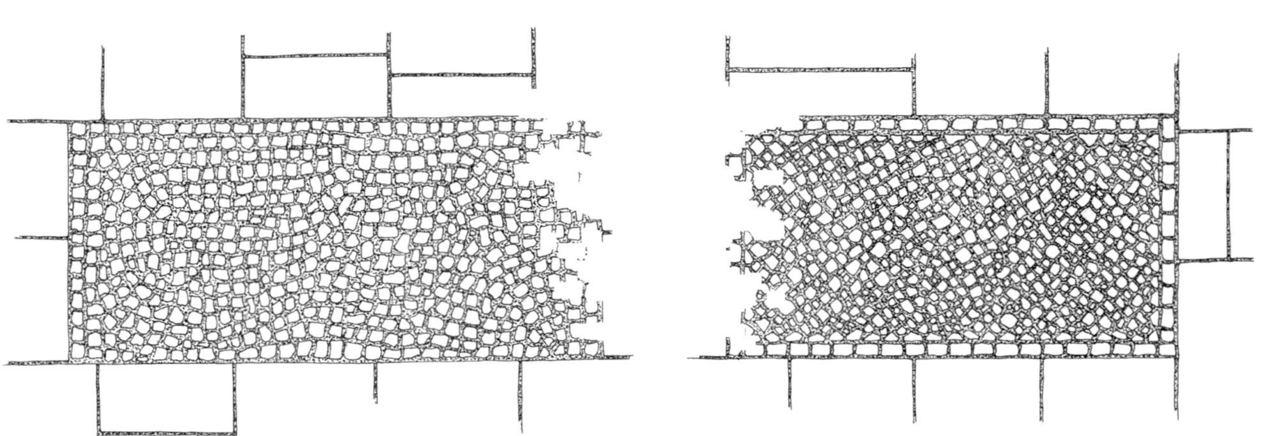

Abb.27. *(links):*
Eine alte Form des Pflasterns ist das Passeepflaster. Diese Verlegeart wird manchmal auch als „Schiebepflaster" bezeichnet, weil sich nach jedem dritten Stein die Fugenrichtung ändert.

Abb.28. *(rechts):*
Die Regelmäßigkeit eines Verbundes ist vorgegeben. Der Unterschied mit dem oft verwechselten Wildpflaster besteht in der Verwendung von gleichgroßem, bearbeitetem Steinmaterial. Gartenanlagen im Jugendstil zeigen diese Einzigartigkeit, die heute kaum noch ein Pflasterer beherrscht und die Erhaltung dieser Gärten damit ein aufwendiges „Neuerarbeiten" darstellt.

Fehlerquellen beim Pflastern

Oft werden beim Pflastern viele Fehler gemacht. Die am häufigsten auftretenden Fehler sollen hier zusammenfassend durch den Schaukasten und die nachfolgenden Bilder erläutert und veranschaulicht werden.

Allgemeine und immer wiederkehrende Fehler beim Pflastern

1. Die zu pflasternde Fläche wird falsch eingemessen, Höhen werden ungenau übertragen, das Gefälle wird gar nicht oder ungenau berücksichtigt, Bögen- und Schuppenbreiten werden nicht beachtet.
2. Der erste Kreis, die erste Schuppe, der erste Bogen sowie die erste Reihe werden nicht genau eingemessen oder ungenau gesetzt. Runde oder kreisrunde Ausformungen müssen exakt vorgegeben werden, um ein weiteres gekonntes und sauberes Arbeiten zu garantieren.
3. Es wird nicht beachtet, daß die vordere Kante in allen Pflasterbereichen eine „Gerade" ergeben sollte.
4. Kreise oder Bögen werden nicht überprüft und bekommen eine ovale oder Eiform, wodurch die Weiterarbeit sehr erschwert wird und auch eine gleichbleibende Schuppenqualität nicht mehr gewährleistet ist.
5. Es ist nicht genügend Sand zum Einsetzen der Steine im Pflasterbett vorhanden (es muß in Sand und nicht auf Sand gepflastert werden).
6. Die Rammschlaghöhe von etwa 1 cm wird nicht eingehalten (ohne Kontrolle kann es geschehen, daß man sich bereits nach etwa 0,5 m Pflaster bei einer Rammschlaghöhe von 3 bis 4 cm befindet).
7. Die Schnur wird zu hoch gespannt, oder es wird nicht beachtet, daß der unter der Schnur gesetzte Stein die Schnur Stein für Stein höher drückt, wodurch das Niveau ansteigt.
8. Steine werden nicht gerade gesetzt, was zu einer Verformung der Flächen führt.
9. Der Fugenabstand wird zu groß gewählt. Dadurch haben die Naturpflastersteine beim Abrütteln keinen Halt, und Schub- und Scherkräfte können auf die gesamte Fläche wirken.
10. Die Form der Steine wird nicht beachtet. Die schmale Seite gehört nach innen, die breite Seite nach außen. Bei Bögen und Schuppen sollten größere Steine in die Mitte des Bogens/der Schuppe gesetzt werden und kleinere zu den Außenrändern.
11. Durch das Verwenden zu verschiedener Steingrößen entstehen zu große Fugen.
12. Beim Kauf wurde zu wenig auf die Qualität des Natursteinmaterials geachtet. Bei Güteklasse I gibt es wenige Probleme. Soll ein Reihenpflaster erstellt werden, ist dieses bei der Bestellung mit anzugeben, da sonst Steinmaterial für Bögen geliefert wird.
13. Bei „schlechterem" Steinmaterial muß ein Abknicken der Steine bei Kreisen und Bögen vermieden werden, sonst entstehen zu große, V-förmige Fugen (Stabilität).
14. Kreuzfugen müssen aus Gründen der Stabilität unbedingt vermieden werden.
15. Zu frühes Einsanden. Es besteht kaum die Möglichkeit einer Korrektur. Erst wenn die Fläche fertiggesetzt ist und nochmals kontrolliert wurde, wird verfugt.
16. Teilweise besteht die irrige Meinung, daß ein zu hoch gelegtes Pflaster (Rammschlaghöhe nicht beachtet) im Oberbau noch zusätzlich zur Rüttelplatte mit Wasser verdichtet werden kann. Das ist falsch.
17. Die Natursteine werden regelrecht „verkehrt" gepflastert. Porphyr sollte beispielsweise immer mit der glatten Seite nach oben gesetzt werden. Ist die rauhe Seite nach oben gerichtet, der Stein also „hochkant" gesetzt, kann er beim Abrütteln gespaltet werden, weil die Lager senkrecht stehen.
18. Unsauberes Arbeiten allgemein; zum Beispiel mit den Mörtelmischungen; Benutzung des falschen Zementes, kein ordnungsgemäßes Verfugen usw.

Gezeigt wird eine angebliche Kreisfläche, bei der von Kreisbögen und exakten Rundungen keine Spur zu sehen ist. Schon beim flüchtigen Hinsehen lassen sich die Fehler unschwer erkennen. Beim genaueren Betrachten sieht man deutlich die Verwerfungen in den Kreisbögen, die konischen Steinflächen (die glatte Seite gehört nach oben) wurden nicht beachtet, auch Kreuzfugen sind deutlich zu erkennen. Man könnte fast denken, daß es sich um ein schlecht gelegtes Reihenpflaster handelt.

Ein völlig verrissenes Schuppenpflaster. Hier wurde sehr schlecht ausgepflastert, die Bogenform ist nur teilweise zu erkennen. Es wäre sicher besser gewesen, die Ränder jeweils mit einer anderen Farbe im Wechsel zu markieren. So wirkt alles etwas laienhaft.

Links: Häufigster Fehler – die Nichtbeachtung der Rechtwinkligkeit und die unregelmäßige Kontrolle der Bogenhöhe. Eine weitere Gefahr ist das „Abflachen" der Bögen, was zu fast geraden Reihen führen kann. Es stimmen nur die gleichmäßig festgelegten Außenbögen. Der Innenbogen knickt stark ein und verläßt den Bogenbereich. Auch die anderen Bögen haben keine „exakte" runde Form. Grundsatz bei der Steinauswahl: Große, dicke Steine gehören in die Mitte eines Bogens, kleine, schmale Steine zum Rand. Oben: Der Mittelstein zwischen den beiden Schuppen sollte nicht aus Granit, sondern aus Porphyr bestehen.

Terrassen aus Natursteinpflaster

Zunächst muß die Größe der Terrasse festgelegt werden. Des weiteren ist zu bedenken, welche Höhen zum Haus oder zum Garten berücksichtigt und überbrückt werden müssen, ob Stufen einzubauen sind oder ein Aushub vorzunehmen ist, und ob auf dem gegenwärtigen Niveau aufgebaut werden kann oder eine Verbesserung des Oberbaues stattfinden muß.

Bei einem Neubau hat man zu Beginn der Terrassenbaumaßnahme noch alle Möglichkeiten offen und sollte sich diese auch durch sachgerechtes Arbeiten erhalten.

Zuerst werden Tiefe und Breite sowie bautechnische Besonderheiten nach Plan oder freier Gestaltung abgesteckt. Danach werden mit dem Nivelliergerät die Höhen überprüft und unter Berücksichtigung eines 2- bis 3 %igen Gefälles die Höhenpunkte an den Schnurnägeln festgelegt oder angebracht. Außerdem sollte die Aufbaufläche auf ihre Belastbarkeit überprüft werden, denn häufig sind in Hausnähe kaum verdichtete Aufschüttungen vorhanden, die nach einiger Zeit zu Absenkungen oder Aufbrüchen führen, die meist irreparabel sind. Dem kann beispielsweise durch eine Raumsondierung vorgebeugt werden. Dazu werden an verschiedenen Stellen der zukünftigen Terrassen-

Erhöhte Terrassenfläche.

Regel:
Um einen gut verdichteten Boden zu schaffen, sollte alle 30 cm lagenweise verdichtet werden.

fläche halbseitig geöffnete Metallrohre in den Boden getrieben und dann wieder herausgenommen. Nun können die in der halben Öffnung verbliebenen Restbestände des Bodenbereiches kontrolliert und auf Lehm (gut), Sand (weniger gut), Faulstellen (Holzreste, Müll), Leerstellen (durchstoßene Eimer, Hohlräume) und anderes überprüft werden.

Soll das Gelände erst noch aufgeschüttet werden, kann gleich nach obigem Grundsatz verfahren und für eine korrekte Stabilität gesorgt werden.

Natürlich richtet sich der Aufbau einer Neuanlage nach der späteren Nutzung. Weil eine Terrasse, wie schon erwähnt, für einen langen Zeitraum gebaut wird, sollte man sich (siehe Tragfähigkeit der Pflasterflächen) für eine stabile Variante entscheiden. Da eine Terrasse eine feststehende Einrichtung in Verbindung mit dem Haus ist, wäre unter Umständen eine gegossene Betonplatte als Untergrund allen anderen Möglichkeiten vorzuziehen. Die Betonplatte ist „schwimmend" einzubauen, das heißt, sie hat keine direkte Verbindung mit der Hauswand (Trennung durch Styropurstreifen zwischen Wand und Beton) und ist ein eigenständiges Gebilde. Mit einer Armierung, zum Beispiel einer Stahlbaumatte, wird ihre Stabilität sehr stark erhöht. Aufbrüche können so gut wie ausgeschlossen werden. Die Natursteinpflasterung erfolgt ausschließlich auf der Betonplatte in Mörtelmischung.

Eine solche Betonplatte hat viele Vorteile. Ein Auffrieren und gleichzeitiges Absenken der Natursteinpflasterdeckschicht ist so gut wie ausgeschlossen, Unebenheiten in der Pflasterung können verhindert werden, die Fläche läßt sich leichter sauber halten, da die Samen durch die Kompaktheit der Pflasterfläche nur aufliegen und keinerlei Verbindung zum Boden haben. Es können sich keine Ameisennester und keine Wurzelauswüchse bilden, Wassereinbrüche werden vermieden und das Verlegen des Natursteinpflasters wird wesentlich erleichtert.

Dieser Aufbau ist sehr dauerhaft. Sollte doch einmal der Wunsch bestehen, den Oberbelag zu wechseln und einen anderen Naturstein in Pflaster- oder Plattenform aufzubringen, so kann auch dies in den meisten Fällen problemlos geschehen. Voraussetzung hierfür ist nur, daß die Betonplatte nicht zu hoch und der Oberbelag darauf ordnungsgemäß eingebaut wurde.

Vor dem Gießen der Betonplatte sind jedoch noch einige Dinge zu berücksichtigen. Bei großen Terrassen sollte eventuell für einen Abfluß gesorgt werden. Rohrleitungen müssen vorher verlegt und ihr Einlauf muß an der geeigneten Stelle geplant werden. Wasserleitungen und Leerrohre für Stromleitungen müssen unter der späteren Terrasse durchgeführt werden. Sie werden beispielsweise zur späteren Beleuchtung von Terrasse, Garten, Wasserbecken, Weihnachtsbäumen, Wegen, Grillplätzen, für Alarmanlagen oder zur Stromzufuhr für elektrische Schnittwerkzeuge, wie Rasenmäher, Heckenschere, sowie zur allgemeinen Wasserversorgung von Pflanzen und Wasserbecken auch im hinteren Teil der Gartenanlage benötigt. Alle elektrischen Bereiche sowie Wasseranschlüsse sollten vom Haus aus zu steuern und zu regulieren sein.

Schuppen im Wildverband.

Nun muß der Bereich der Terrasse unter Berücksichtigung einer eventuellen Umrandung durch einen Naturkantenstein oder einen Großpflasterstein, eines Treppenabganges und/oder anderer Gegebenheiten „eingeschalt" werden. Auch Aussparungen für Kübel, kleinere Pflanzbereiche (mit Bodenanschluß zur Entwässerung) und Wasseranschlüsse finden beim Einschalen Berücksichtigung. Die Ebenheit der Fläche inklusive ihres Gefälles sollte sich in den Höhen des Schalmaterials gleich Betonoberkante der Terrasse wiederfinden. Außerdem muß bei der Festlegung der Höhe der Betonplatte die Höhe der Deckschicht beachtet werden, um die gewünschte Fertighöhe der Terrasse zu gewährleisten. Werden alle diese Dinge beachtet, ist der spätere Aufbau des Oberbelages eigentlich ein Kinderspiel. Bevor der Pflasterbelag aufgebracht wird, muß der Beton unbedingt ausreichend lang abbinden. Außerdem sollte je nach Größe der Betonplatte auch eine Dehnungsfuge eingebracht werden.

Bevor die Terrasse fertiggestellt wird (Pflasterbelag) werden jedoch noch die anderen Bauteile erstellt, z. B. die Umrandung (wenn notwendig) oder in speziellen Situationen der feststehende Stufenteil, der zum Schluß übergangslos an die Fläche anschließt. Bei der Auswahl des Materials müssen auch hier sowohl bauliche, planerische als auch gestalterische Gesichtspunkte beachtet und aufeinander abgestimmt werden. Farben, Formen oder Ornamente können in ihrer Vielfalt ausgenutzt werden. Es muß jedoch vorher genau überlegt werden, wofür die Terrasse am meisten benötigt wird, weil bei Naturstein die Oberflächenbeschaffenheit eine große Rolle spielt. Porphyr (im allgemeinen wird die glatte Seite des Steines genutzt) eignet sich beispielsweise wesentlich besser zur Erstellung einer „zweiten Wohnfläche" als der rauhe, in seiner Oberflächenstruktur unebene Granit. Auch das Aufstellen von Sitzgelegenheiten läßt sich auf einer glatten Fläche viel besser realisieren, da sich die Sitzmöbel ohne größere Behinderung durch gebrochene Kanten leichter verschieben lassen. Wer es lieber rustikaler mag, muß natürlich auf den eigentlich dekorativeren Granitpflasterstein nicht verzichten. Mit ihm und in Kombination mit den anderen Natursteinen kann in vielfältiger Gestaltung eine „Erlebnisterrasse" mit Bögen, Kreisen und Ornamenten sowie sehr variablen Formen geschaffen werden.

Selbstverständlich kann für die Errichtung einer Terrasse auch ein Aufbau ohne Betonplatte ausreichend sein. Nach Einhaltung der verschiedenen bautechnischen Faktoren zur Herstellung der speziellen Tragfähigkeit der Terrasse, kann auch hier mit etwas geringerem Aufwand die Verlegung des Natursteinpflasters erfolgen. Allerdings müssen auch in diesem Fall die einzelnen Höhen sowie die Abstimmung der verschiedenen Schichtstärken unter Berücksichtigung des jeweiligen Verdichtungsgrades ebenso beachtet werden, wie die eventuell in Beton zu setzende Einfassung, die sachgerechte Pflasterverlegung und die ordnungsgemäße Verdichtung.

Alle Terrassen, unabhängig von Form oder Größe, sollten nach den zuvor genannten Details vorbereitet werden. Ihre Gestaltung bleibt der Phantasie des Eigentümers und/oder des fach- und sachkundigen Landschaftsgärtners überlassen.

Gartenwege aus Natursteinpflaster

Der Weg wird nach vorgegebenen markanten Punkten, z. B. Terrassenkanten, Hausecken, Zaunbereichen oder einer festgelegten Hauptmeßlinie (siehe Koordinatenverfahren S. 128) eingemessen. Dabei müssen alle Wegeformen und -führungen berücksichtigt werden. Je mehr Punkte vorhanden sind, desto einfacher ist die spätere Ausführung. Die Meßpunkte dienen gleichzeitig als Höhenpunkte. Mit dem Nivelliergerät oder einer Wiegelatte mit Wasserwaage (Schnur, Gliedermaßstab) lassen sich die verschiedenen Höhen des Weges, einschließlich eines entsprechend geplanten Gefälles, genau in die landschaftliche Gegebenheit übertragen. So können Wege beispielsweise auch wellenförmig verlaufen, größere Höhen durch frühzeitiges Ansteigen des Weges ohne Treppenanlagen oder Stufen überbrückt werden und je nach Oberflächenstruktur des Materials ein 2- bis 4 %iges Gefälle punktuell vorgegeben werden. Alle gemessenen Höhenpunkte sind an Schnurnägeln zu markieren, mit einer Schnur zu verbinden, bei Rundungen oder Kurven entsprechend auszugestalten und immer wieder zu überprüfen.

Gartenweg ins Unendliche.

Anschließend ist für den Oberbau zu prüfen, welche Verwendung der Weg einmal haben soll und wie hoch seine Belastung sein wird. Im Normalfall sind Gartenwege kaum einer größeren Belastung durch Fahrzeuge oder andere schwere Geräte ausgesetzt, so daß auf einem gut gewachsenen, anstehenden Boden mit dem geringsten Aufwand gearbeitet werden kann. Eine auf Plan gebrachte Bodenverdichtung und eine minimale Tragschicht sind bereits für die Aufnahme einer Belastung durch Fußgänger ausreichend. Es lohnt sich deshalb auch nicht, die Steine in Mischung zu setzen oder eine Betonplatte einzubauen. Außerdem unterliegen Gartenwege häufig gewissen Änderungen und Neugestaltungen.

Treffpunkt in der Mitte des Weges.

Zur Abgrenzung der Wege von anderen Gartenbereichen, speziell Rasen- oder Pflanzflächen, und als Einfassung zur besseren Bearbeitung der Wegefläche wird häufig eine Läuferreihe gesetzt, die an den markierten Punkten und der Schnurhöhe ausgerichtet wird. Sie kann aus dem gleichen Material wie der gesamte Weg bestehen, aber auch in Farbe, Oberflächenstruktur, Größe usw. abweichen. Die einzelnen Läufersteine müssen an der Innenseite zur Wegeauspflasterung eine gerade Abschlußkante erhalten und in mindestens 10 cm Beton mit einer leichten Betonschräge gesetzt werden. Sie stabilisieren auf diese Weise die meist nur in Sand oder Splitt verlegten Naturpflastersteine und erhöhen damit deren

Skulpturen verschönern Wege und Plätze.

Schub- und Scherfestigkeit. Auch hier ist sauberes Arbeiten oberstes Gebot.

Eine gut und sauber gesetzte Einfassung ist der Garant für eine schöne und ansprechende Wegeführung. Vor dem Auspflastern der Wegefläche muß der Beton der Läuferreihen unbedingt gut abbinden, damit keine Verschiebung erfolgen kann. Den gestalterischen Ambitionen hinsichtlich des Verlegemusters sind nun fast keine Grenzen gesetzt. Ob es Bögen oder Kreise sind, Reihen oder Schuppen oder andere Ornamente, der Weg muß im Einklang mit den anderen Gartenthemen stehen und eine in sich geschlossene, gleichmäßige Einheit bilden. Die einzelnen Gestaltungselemente sind natürlich von der Wegbreite abhängig. So sollten bei kleinen Breiten bis 60 cm mit Reihen oder Bögen gearbeitet werden, bei Wegen bis zu einer Breite von 100 cm kann zusätzlich mit Schuppen, darüber hinaus hauptsächlich mit Schuppen und Kreisen gestaltet werden.

Das Verlegen selbst sollte wieder unter Einhaltung aller bereits bekannten Vorschriften durchgeführt werden:

- „rückwärts“ in ein Sand- oder Splittbett verlegen,
- Stein für Stein „knirsch“ setzen,
- keine Kreuzfugen (besserer Halt),
- Querschnüre spannen und Höhen beachten,
- mit der Wiegelatte Höhen überprüfen,
- Bögen beibehalten,
- Schuppen gleichmäßig ausgestalten,
- Kurven berücksichtigen,
- eventuell sofort auf Höhe (Fertighöhe) pflastern oder mit einem Handstampfer vorsichtig auf Höhe bringen,
- beim Gebrauch einer Rüttelplatte darauf achten, daß die Läufer nicht ausbrechen, wenn der Beton nicht stark genug eingebaut wurde,
- Fläche mit Sand oder Splitt einfegen und einschlämmen und
- nachverdichten.

Vorplätze, Eingangsbereiche und Einfahrten

Auch hier werden zuerst die Höhen des Weges festgelegt, wobei der Höhenunterschied zwischen Hauseingang und Straßenbereich auf die gesamte Wegefläche verteilt und bei größeren Bereichen mit dem Nivelliergerät, bei kleineren Bereichen mit der Wiegelatte/Wasserwaage auf Schnurnägel übertragen wird. Dabei ist vom Haus aus ein Gefälle von etwa 2 bis 3 % zu berücksichtigen.

Auch die Überprüfung des Oberbaues ist, besonders im Eingangsbereich, von größter Wichtigkeit. Häufig finden sich gerade in Hausnähe Schuttreste der einzelnen Handwerksbetriebe des Innenausbaues (Tapeten, Kabel, Metallteile, Plastik, Papier, Styropor und vieles andere) im Füllbereich wieder, der wiederum nicht vorschriftsmäßig ver-

Treppenaufgang aus Natursteinpflaster mit Übergang in eine Pflasterfläche.

dichtet wurde. Deshalb kann es sich hier auch lohnen, Stichproben zu graben und bei Bedarf den gesamten angeschütteten Oberbau wieder auszukoffern, mit den richtigen Materialien neu anzuschütten, diese ordnungsgemäß zu verdichten und zuletzt die gewünschten Tragschichten für die vorher angenommene Belastung einzubauen (siehe auch S. 37).

Die Ausgleichsschicht wird entsprechend der späteren Nutzung gewählt. Sie kann beispielsweise im direkten Eingangsbereich aus einer 10 bis 15 cm starken, armierten Betonplatte bestehen, ansonsten aber aus Brechsand 0/2 bzw. Basaltsplitt 2/4 in einer Stärke von 5 bis 8 cm je nach Naturpflastergröße.

Wie bei den Gartenwegen sollte auch für die Eingangswege eine entsprechende Läuferumrandung vorgesehen werden. Auch hier kann einer phantasievollen Gestaltung der Wege mit Ausbuchtungen, Rundungen usw. freier Raum gelassen werden. Die Auswahl dieser Steine erfolgt unter Berücksichtigung des Gesamtkonzeptes. Je nach Bedarf kann entschieden werden, ob eine Kleinpflasterkante die gewünschten Schwünge aufnehmen soll oder mit Großpflaster ein deutlicher Kontrast zwischen der Pflasterfläche und den angrenzenden Vorgartenbereichen geschaffen wird.

Die Läuferschicht wird so gesetzt, daß die Innenkante einen sauberen Abschluß aufweist. Es empfiehlt sich, bei geraden Wegen eine gleichbleibende Steingröße zu verwenden, z. B. 80/80 bzw. im Großpflasterbereich 120/120. Bei Rundungen aller Art bieten sich unterschiedliche Kantenlängen an; so können durch geschicktes Anpassen auseinanderklaffende Fugen vermieden werden.

Die Läufersteine werden in mindestens 10 cm Beton gesetzt und auf der Außenseite mit einem „Betonstuhl" oder einer „Betonschräge" versehen, die den Stein bis zur Hälfte bedeckt. Damit wird ein seitliches Ausbrechen verhindert. Nach dem Abbinden der Läuferschichten werden die vorher geplanten Pflasterformen gesetzt. Hier

Auflockerung der Eingangsbereiche durch Pflanzen.

können die Mosaik- oder Kleinpflastersteine auch direkt auf Fertighöhe gesetzt werden.

Bei Vorgartenwegen bietet sich zum Verlegen auch eine Trockenmischung an, die nach dem Setzen vorsichtig, aber gründlich durchfeuchtet werden muß, um eine gute Verbindung zwischen Stein und Mischung zu schaffen. In diesem Fall sollten die Naturpflastersteine gleich auf Höhe gesetzt werden, da es durch einen Rammschlag mit der Rüttelplatte durch die austretende Mischung zu Verschmutzungen kommen würde.

Auf Fertighöhe setzen heißt, den einzelnen Stein so fest in das Sand-, Splitt- oder Mischungsbett schlagen, daß er kaum noch Bewegungsfreiheit hat. Das setzt wiederum voraus, daß Stein für Stein knirsch verlegt wird, Kantenlängen Beachtung finden, Bögen oder Schuppen gleichmäßig gesetzt werden und insgesamt sauber gearbeitet wird.

Formen und Farben geben den gestalterischen Glanzpunkt, ebenso wie der Wechsel zwischen verschiedenen Steinarten, unterschiedlichen Steingrößen und Musterzusammensetzungen.

Soll eine Wasserrinne den Eingangsbereich oder den darauf zuführenden Weg schneiden, sind beim Aufbau besondere bautechnische Details zu beachten. Die Wasserrinne, die mit dem gleichen Natursteinpflastermaterial wie der Weg ausgekleidet werden soll, muß unbedingt frostfrei gelagert und wasserundurchlässig sein. Deshalb wird die Rinnenführung aus Beton hergestellt, anschließend werden die Steine in Mischung gesetzt und mit Dichtschlämme verfugt. Eindringendes Wasser führt zu Porösität und damit zu Frostaufbrüchen. Deshalb ist sauberes Arbeiten mit Beton oder Mischung unter Verwendung von Trass-Zement oberstes Gebot.

Durch die fertige Rinne läuft das Wasser mit dem notwendigen Gefälle zu einem Schacht und wird von dort über ein Pumpsystem und einen Schlauch zum Ausgangspunkt (Brunnen) zurückgeführt. Der

Schlauch muß frostfrei liegen, weil eine vollständige Entleerung der Leitung im Winter nicht in jedem Fall zu gewährleisten ist. „Überbrückungen", beispielsweise für Rollstühle und Kinderwagen, sind ohne Störung des Wasserflusses mit einzubauen. Die Rinne sollte außerdem im Schrittmaß (63 bis 65 cm) zu überschreiten sein.

Der Oberbau für Vorplätze muß an den jeweiligen zukünftigen Belastungen orientiert werden, denn da, wo Fahrzeuge abgestellt werden, ist die Tragschicht weitaus stärker zu wählen als im übrigen Bereich. Es ist auch möglich, sofern in absehbarer Zeit keine Veränderungen der Vorplätze anstehen, mit einer Betondecke zu arbeiten. Natürlich auch hier unter Berücksichtigung aller eventuell zu verlegenden Versorgungs- und Anschlußleitungen, Pflanzbereiche und sonstigen Aussparungen.

Vorplätze sind im wesentlichen wie Wege und Eingangsbereiche zu gestalten (siehe S. 90). Durch ihre Größe bestehen jedoch mehr Möglichkeiten, spezielle Einbauten, wie Pergola, Brunnenumrandung, Wasserbecken, Pflanzkübel und anderes, zu errichten.

Die unterschiedlichen Kombinationen von Natursteinpflaster, -platten sowie eventuell Natursteinpalisaden ergeben sich aus den gestalterischen Aspekten, der späteren Nutzung und dem persönlichen Geschmack des Bewohners. Der Phantasie sind in diesem Bereich keine Grenzen gesetzt. Hauptsache die Harmonie und das gefällige Bild der gesamten Anlage werden nicht gestört.

Seitlich versetzte Garageneinfahrt.

Teil 3
Grundlagen der Arbeit mit Natursteinpflaster

Trapez: $F = \frac{g_1 + g_2}{2} \cdot h$

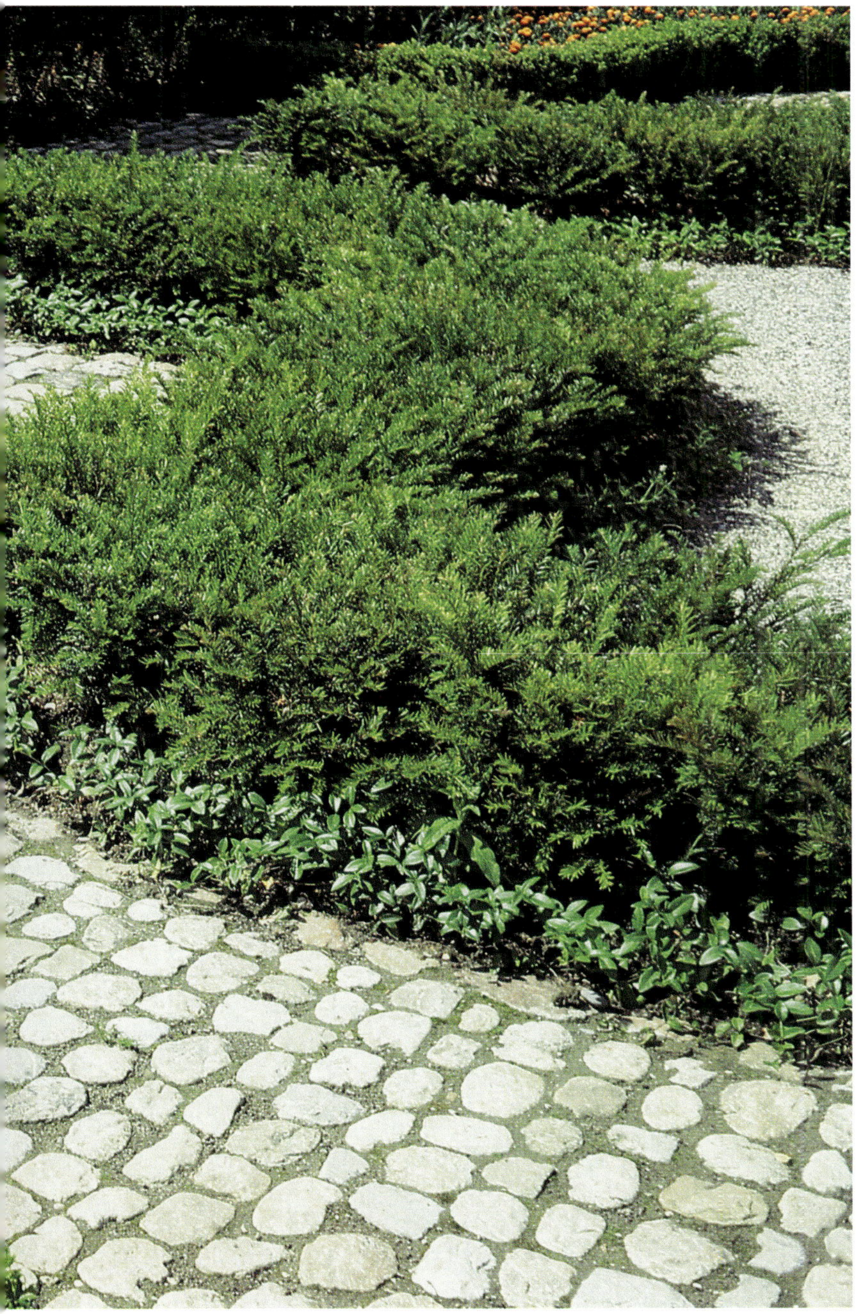

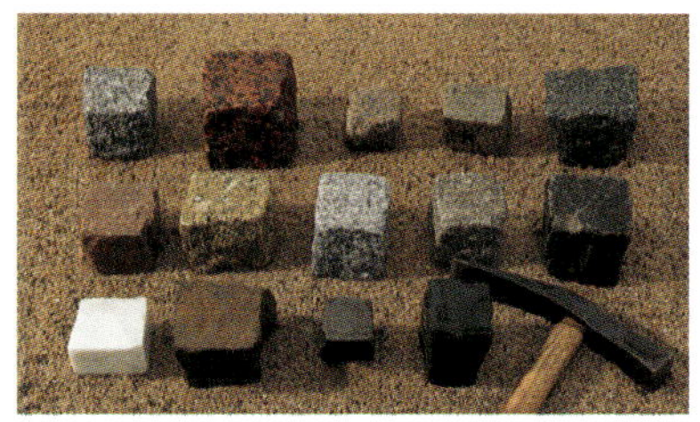

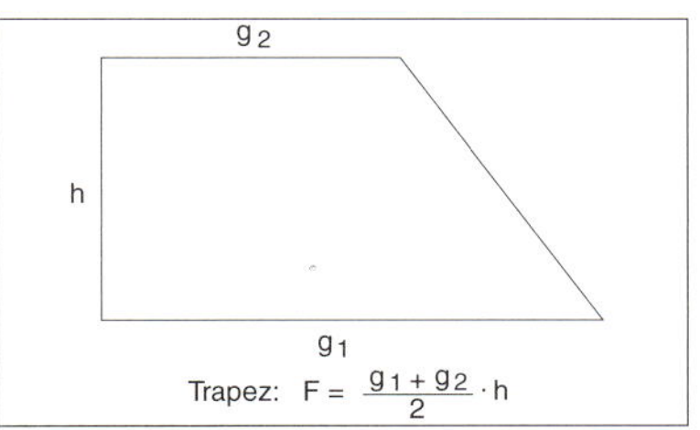

Zur Herstellung von vdw 800 und seiner Verarbeitung werden folgende Geräte und Werkzeuge benötigt:
- Zwangsmische,
- Freifallmischer
- Wasserschlauch mit Sprühdüse
- Gießkanne
- Schubkarre
- Gummischieber
- Besen

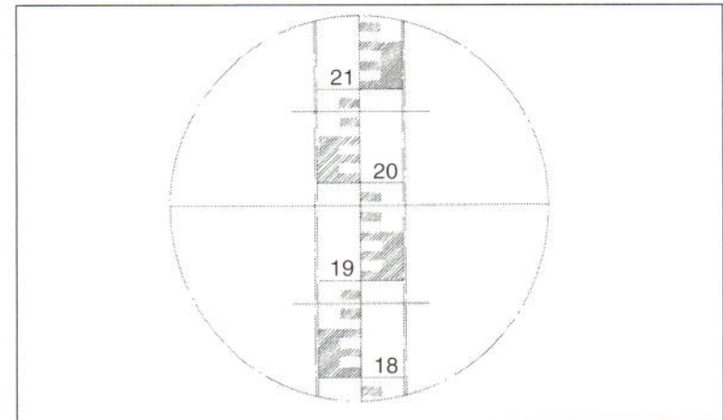

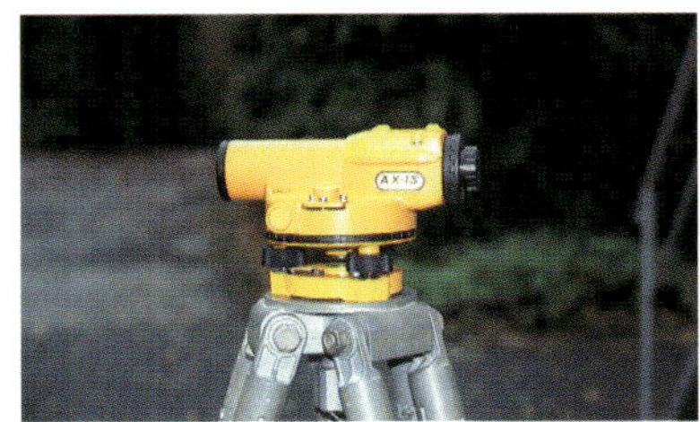

Natursteinpflaster für die Gartengestaltung

Kleine Natursteinkunde

Immer wieder wird die Frage gestellt, sind Betonsteine auch Natursteine? Im Prinzip könnte man diese Frage eventuell sogar mit „ja" beantworten. Analysiert man die Beschaffenheit eines Betonsteines, kann man die natürlichen Stoffe in allen Details irgendwie nachvollziehen. Doch sobald es darauf ankommt, Details, wie Widerstandsfähigkeit, Beständigkeit, Haltbarkeit, Farbechtheit und Aussehen, miteinander zu vergleichen, kann es für einen echten Naturstein-Fan keine Frage geben, welcher von beiden Steinarten der Vorzug zu geben ist. Auch der Preis ist häufig nicht mehr ausschlaggebend, denn die Preisunterschiede sind in vielen Fällen unter Einbeziehung bestimmter Verbrauchseigenschaften nur noch relativ gering. Doch was kennzeichnet die Besonderheit der Natursteine wirklich? Den Landschaftsgärtner interessieren in erster Linie je nach Verwendung noch die Festigkeit (Einsatzbereich), Spaltbarkeit (Bearbeitung), Farbwirkung und Kombinationsmöglichkeiten (Gestaltung).

Allgemein werden zwei große Gruppen unterschieden: Hartgesteine und Weichgesteine. Die Abgrenzung zwischen beiden Gruppen ist

Tab. 4. Farbe und Herkunft verschiedener zur Pflasterung verwendeter Natursteinarten

Steinart	Farbe	Herkunft
Granit	weißgrau, grau, rot, grün, gelb, schwarze Einsprenkelungen	Bayerischer Wald, Harz, Odenwald, Oberpfalz, Spessart, Schwarzwald, Fichtelgebirge, Italien, Schweden, Norwegen, Finnland, Tschechien, Slowakei, Schweiz, Österreich, China
Porphyr	rot, rotbraun, gelblich, grünlich, gräulich	Bayerischer Wald, Odenwald, Harz, Schwarzwald, Portugal
Basalt	grau, graublau bis schwarz	Westerwald, Eifel, Rhön
Grauwacke	graubraun, graublau, graugrün	Bergisches Land, Eifel, Lahn, Harz, Fichtelgebirge
Ruhrsandstein	rotbraun, gelbbraun, grau, ocker	Ruhrtal
Neckartäler Sandstein	rot, rotgrau, rotgelb (Toneinschlüsse)	Neckartal (Rockenau)
Marmor	bräunlich, rötlich, gräulich, grünlich, gelblich bis weiß	Bayern, Odenwald, Fichtelgebirge, Lahn, Südosteuropa, Frankreich, Schweiz, Italien (Carrara-Marmor)

nicht immer ganz einfach, weil Weichgesteine, wie z. B. Grauwacke oder Ruhrsandstein, sich teilweise in Festigkeit und Härte kaum von einem Hartgestein unterscheiden und ebenfalls gern für Pflasterungen verwendet werden.

Die Hartgesteine, auch Tiefengesteine genannt, entstanden durch Erstarrung von Magma in Hohlräumen des Erdinneren (Granit), im Schlot der Vulkane (Basalt) oder aus Schichtungen in Nebenhöhlen und -gängen (Porphyr).

Die Weichgesteine, auch Eruptions- oder Trümmergestein genannt, können sich auch heute noch unter Verkittung verschiedener Bindemittel bilden (Sandsteine).

Natursteine bestehen aus einem oder mehreren Mineralien. Die wichtigsten, für die Eigenschaften der Natursteine verantwortlichen Mineralien sind Quarz, Feldspat und Glimmer.

Der Quarz ist besonders hart. Er steht für die Festigkeit und Widerstandsfähigkeit eines Natursteins. Diese beträgt beispielsweise bei Granit etwa 80 % von der des Quarzes. Granit wirkt spröde und läßt sich zerschlagen, allerdings, bis auf wenige Ausnahmen (z. B. finnischer Granit), nicht hammerrecht bearbeiten. Feldspat, ebenfalls sehr hart, gibt dem Gestein je nach Gehalt die Farbwirkung von weiß über grau bis zu rotbraun. Die Spaltbarkeit des Steines wird durch den Glimmer hervorgerufen.

Die Weichgesteine können nochmals in drei Gruppen unterteilt werden, in Sandsteine, Kalkgestein und Tuffgestein. In unserem Fall interessieren besonders die zur Pflasterung verwendeten Sandsteine, wie Grauwacke, Ruhrsandstein, Neckartäler Sandstein, sowie, als Besonderheit aus der Gruppe der Kalkgesteine, Marmor und dabei speziell der weiße Carrara-Marmor.

Gesteinsarten

Granit. Dieser wohl härteste Stein findet nicht nur in der Nähe seiner Lagerstätten Verwendung, sondern wird für unsere Gärten auch gern importiert. Er ist aufgrund seiner verwachsenen Struktur hart und zeigt keine bis wenig Lagerbildung. Er hält hohen Belastungen stand. Seine Oberfläche ist rauh und glänzend. Obendrein erweist sich Granit als sehr widerstandsfähig.

Porphyr, ein hartes Gestein, findet ebenfalls wie Granit große Beachtung. Obwohl hart, ist er spaltbar und hat eine sehr viel stärkere Lagerbildung, was beim Einbau unbedingt beachtet werden muß. Die glatte Seite des Steins ist die Oberfläche. Würde man die Lagerseite, die gebrochene Seite, nach oben setzen, wäre der Stein nicht mehr so widerstandsfähig. Er könnte bei auftretendem Druck, z. B. durch eine Rüttelplatte oder ein Fahrzeug, im Lager platzen. Der Stein wirkt stumpf, wie mit einem Zementschleier bedeckt. Bei Feuchtigkeit gewinnt er (subjektiv betrachtet) an Attraktivität.

Basalt. Dieses harte bis spröde Material findet wieder häufiger Verwendung. Der sehr widerstandsfähige Stein mit seiner glatten, glän-

Eine kleine Auswahl an Pflastersteinen aus einem riesigen Angebot. Es ist eine willkürliche Wahl und bedeutet nicht, daß nur diese Steine ihre Verwendung finden.
Im einzelnen sind die in Tabelle 5 erläuterten Gesteine abgebildet.

Tab. 5. Kleine Steinauswahl

Nr.	Herkunft	Gestein	Farbe
obere Reihe			
1	Finnland	Granit	grau
2	Schweden/Varga	Granit	rot
3	Schweden/Bohus	Granit	rotoliv
4	Schweden	Granit	bunt
5	Schweden	Diabas	grün
mittlere Reihe			
6	Indien/Manga	Granit	rotbraun
7	Portugal	Granit	gelb
8	Portugal	Granit	hellgrau
9	China	Granit	grauweiß
10	China	Granit	anthrazit
untere Reihe			
11	Italien/Carrara	Marmor	weiß
12	Portugal	Porphyr	rotbraun
13	Bergisches Land	Grauwacke	dunkelgrau
14	Eifel	Basalt	blauschwarz

zenden und leicht gewölbten Oberfläche wurde traditionell auf Bauernhöfen und im Straßenbau eingesetzt. Inzwischen hält er auch Einzug in unsere Gärten. Einen Nachteil stellt seine glatte Oberfläche dar, die bei Feuchtigkeit und Regen eine erhöhte Rutschgefahr bedingt.

Grauwacke. Dieses Gestein ist äußerst widerstandsfähig, aber leicht spaltbar. Mit seiner glatten, stumpfen Oberfläche wirkt es etwas zurückhaltender, weniger farbenprächtig. Und doch ist dieser Stein für bestimmte Einsatzbereiche, wie Gärten, Einfahrten und Eingänge, unentbehrlich. In Verbindung mit roten Farbtönen handelt es sich um ein geradezu ideales Material.

Ruhrsandstein ist hart, widerstandsfähig und läßt sich sehr gut in Lager spalten. Er wird allerdings seltener als Pflasterstein eingesetzt, weil er sich aufgrund seiner Struktur mehr für den Mauerbau und als Plattenbelag eignet.

Der **Neckartaler Sandstein** ist unter den Weichgesteinen einer der stabilsten, widerstandsfähigsten Sandsteine überhaupt. Und das, obwohl er sich hervorragend bearbeiten läßt. Als Mauerstein und als Plattenbelag zieht er mittlerweile auch in nördlicher gelegene Gärten ein. Als Pflasterstein kann man ihn eigentlich nur in Heidelberg und der weiteren Umgebung finden, also in unmittelbarer Nähe seiner Herkunft. Druckfestigkeit, Widerstandsfähigkeit und Witterungsunabhängigkeit zeichnen diesen roten Stein aus. Seine Oberfläche ist gerundet, glatt bis leicht rauh. Als Pflaster wirkt der Neckartaler Sandstein rustikal.

Marmor (Carrara-Marmor) sollte als Pflasterstein im Garten eine Ausnahme sein. Der polierfähige, kristalline Kalkstein eignet sich mit seiner glatten, bei Feuchtigkeit rutschigen Oberfläche für Ornamentverlegungen in Verbindung mit anderen Materialien. Der Stein darf nicht abgerüttelt werden und muß unbedingt vorab, am besten in Mischung, auf Höhe verlegt werden. Er ist empfindlich gegen allzu extreme Witterung und brüchig bei zu starker Belastung; schnell können beispielsweise Kanten ausbrechen, wenn etwas darauf fällt oder ein Stuhl falsch steht. Außerdem kann die Oberfläche durch das Hin- und Herrücken von Möbelteilen verkratzt werden. Allzu schnell verliert auf diese Weise eine Fläche aus Marmor ihre Attraktivität. Deshalb sollte Marmor nur für die Ausgestaltung von Badezimmer oder Wohnräumen verwendet werden. Außerdem weiß jeder, der Marmor schon einmal verlegt hat, daß bei diesem Werkstoff ganz besonders exakt gearbeitet werden muß.

Alle genannten Pflastersteinarten können auch miteinander kombiniert werden. Mit unterschiedlichen Steingrößen und Farbabstufungen, mit Formen und Ornamenten lassen sich Hauseingänge gestalten, Garageneinfahrten und Terrassen bauen.

Andere hier nicht genannte Pflastersteine können natürlich ebenfalls ohne weiteres ihre Verwendung finden. Sie sollten nur in ihrer Art beständig, widerstandsfähig und einigermaßen belastbar sein. Auch kann es für die vorher genannten Natursteinmaterialien noch andere

Herkunftsbereiche geben. Auskunft zu den einzelnen Arten von Naturstein gibt gern der Fachhändler vor Ort.

Maße im Natursteinpflasterbereich

Nach der DIN 18502 werden allgemein drei Pflastersteingruppen unterschieden: Mosaikpflaster, Kleinpflaster und Großpflaster (alle Maßangaben in mm).

Mosaikpflaster
Das Mosaikpflaster (Kantenlängen 40 bis 60 mm) ist für Gartenwege und Terrassen mit einer geringen Belastung geeignet. Für kleine Schuppenflächen, Bögen, Kreise, gestalterische Formen oder Ausplastern von Ornamenten bieten sich die kleinen Steingrößen hervorragend an.

Tab. 6. Mosaikpflaster nach DIN 18502

Größe	Kopffläche in mm		Höhe	Gestein
	Breite	Länge	in mm	
1	60	60	60	Basalt, Diorit, Gabbro,
2	50	50	50	Granit, Grauwacke,
3	40	40	40	Melaphyr, Porphyr

Mosaikpflastersteine werden im allgemeinen in Bogenform verlegt. Die Lieferung darf deshalb nicht nur würfelförmige Steine mit den oberen und unteren Grenzmaßen, sondern sie muß auch genügend Steine mit Zwischengrößen und trapezförmiger Oberfläche sowie längliche Steine enthalten. Es dürfen bis zu 5 % schmale Steine, deren Länge oder Breite die zulässigen Toleranzen bis zu 10 mm über- bzw. unterschreiten, mitgeliefert werden. Die Höhe der Steine ist in jedem Fall einzuhalten. Werden die Steine jedoch nicht in Bogenform verlegt, ist dies bei der Bestellung besonders anzugeben.

Zulässige Abweichungen der Abmessungen sind ±10 mm. Mosaikpflastersteine werden nur in der Güteklasse I geliefert. Alle Flächen müssen bruchrauh gespalten, möglichst rechtwinklig und vollkantig sein. Es sind Aushöhlungen und Buckel bis 5 mm zulässig. Die Eigenart des im Bruch anstehenden Gesteins ist zu berücksichtigen.

Bestellbeispiel
Die Bezeichnung für einen Mosaikpflasterstein der Größe 1 aus Porphyr bei der Bestellung lautet:

Mosaikpflasterstein 1 – DIN 18502 – Porphyr

Kleinpflaster
Für stärkere Belastungen wird das Kleinpflaster (Kantenlängen 80 bis 100 mm) bevorzugt. Gerade Garteneinfahrten, einspurig oder mehrfach befahrbar, Hauszufahrten, Stellplätze, stark beanspruchte Terrassen, Grillplätze brauchen eine solidere Grundlage und Stabilität.

Tab. 7. Kleinpflaster nach DIN 18502

Größe	Kopffläche in mm		Höhe	Gestein
	Breite	Länge	in mm	
1	100	100	100	Basalt, Diorit, Gabbro,
2	90	90	90	Granit, Grauwacke,
3	80	80	80	Melaphyr, Porphyr

Kleinpflastersteine werden im allgemeinen in Bogenform verlegt. Für die Lieferung von Kleinpflastersteinen gilt deshalb das unter Mosaikpflaster Gesagte sinngemäß. Die Eigenart des im Bruch anstehenden Gesteins ist zu berücksichtigen.

Zulässige Abweichungen der Abmessungen sind in der:
Güteklasse I ±10 mm,
Güteklasse II +20 mm und –10 mm.
(Güteklasse II gilt nur für die Größe 2).

Tab. 8. Merkmale von Kleinpflastersteinen in Güteklasse I und II

Klasse	I	II
Kopffläche	einfarbig, möglichst rechtwinklig und vollkantig, Aushöhlungen und Buckel bis 5 mm zulässig	rechtwinklig, bruchrauh, Aushöhlungen und Buckel bis 10 mm zulässig
Fußfläche	bruchrauh gespalten, annähernd parallel zur Kopffläche	bruchrauh gespalten, annähernd parallel zur Kopffläche
Seitenfläche	möglichst senkrecht zur Kopffläche, bruchrauh; höchstzulässige Unterwinkelung an zwei gegenüberliegenden Seiten zusammen 15 mm, jedoch nicht mehr als 10 mm an einer Seite	möglichst senkrecht zur Kopffläche, bruchrauh; höchstzulässige Unterwinkelung an zwei gegenüberliegenden Seiten zusammen 25 mm, jedoch nicht mehr als 15 mm an einer Seite

Bestellbeispiel
Die Bezeichnung für einen Kleinpflasterstein der Größe 3, Güteklasse I aus Granit bei der Bestellung lautet:

Kleinpflasterstein 3 – I DIN 18502 – Granit

Bei der Bestellung von Reihenpflaster unbedingt angeben:

Kleinpflasterstein 3 – I DIN 18502 – Granit/Reihenpflaster

Im Normalfall werden sonst konische Steine mitgeliefert.

Großpflaster

Das Großpflaster (in 5 verschiedenen Größen erhältlich) wird für Umrandungen (Stabilität zur Flächenauspflasterung), Ablaufrinnen, belastbare Stellflächen, befahrbare Wegeführungen in Rasenflächen sowie Verkehrswege, Reihenpflasterungen oder Ornamente genutzt.

Tab. 9. Großpflaster nach DIN 18502

Größe	Kopffläche in mm		Höhe	Gestein
	Breite	**Länge**	**in mm**	
1	160	160 bis 220	160	Granit, Basalt,
2	160	160 bis 220	140*	Basaltlava, Diorit,
3	140	140 bis 200	150	Grauwacke, Melaphyr,
4	140	140 bis 200	130*	Porphyr
5	120	120 bis 180	130	

* nur in Güteklasse I, verwendbar als Gleiszonenpflasterstein

Großpflastersteine sind, sofern vom Besteller nicht ausdrücklich anders gefordert, mit einem Anteil von 10 % Bindersteinen
– für Größe 1 und 2 von 220 bis 290 mm Länge,
– für Größe 3 und 4 von 200 bis 230 mm Länge und
– für Größe 5 von 180 bis 210 mm Länge
zu liefern. Die Eigenart des im Bruch anstehenden Gesteins ist zu berücksichtigen.

Zulässige Abweichungen der Abmessungen betragen in der:
Güteklasse I ±10 mm,
Güteklasse II ±15 mm.

Bestellbeispiel
Die Bezeichnung für einen Großpflasterstein der Größe 3, Güteklasse I aus Basalt bei der Bestellung lautet:
Großpflasterstein 3 – I DIN 18502 – Basalt

Häufig stellt sich in der Praxis bei den verschiedenen Pflasterformaten die Frage nach Anzahl und Masse je Quadratmeter. Faustzahlen dazu liefert Tabelle 11.

Tab. 10. Merkmale von Großpflastersteinen in Güteklasse I und II		
Klasse	**I**	**II**
Kopffläche	einfarbig, möglichst rechtwinklig und vollkantig, Aushöhlungen und Buckel bis 5 mm zulässig	Fehlfarbe zulässig, möglichst rechtwinklig, bruchrauh, Aushöhlungen und Buckel bis 10 mm zulässig
Fußfläche	bruchrauh oder abbossiert, annähernd parallel zur Kopffläche	bruchrauh oder abbossiert, annähernd parallel zur Kopffläche
Seitenfläche	möglichst senkrecht zur Kopffläche, bruchrauh, jedoch so bearbeitet, daß keine Fugen entstehen können, die breiter als an zwei gegenüberliegenden Seiten zusammen 20 mm, jedoch nicht mehr als 15 mm an einer Seite	möglichst senkrecht zur Kopffläche, bruchrauh; jedoch so bearbeitet, daß keine Fugen entstehen können, die breiter als 10 mm sind; Unterwinkelung an zwei gegenüberliegenden Seiten zusammen 30 mm, jedoch nicht mehr als 25 mm an einer Seite

Tab. 11. Durchschnittliche Gewichte und Stückzahlen verschiedener Steingrößen pro Quadratmeter für Güteklasse I			
Größe	**Kantenlängen***	**m²/t****	**Stück/m²*****
Mosaikpflaster			
1	60 × 60 × 60	7,5	235 bis 285
2	50 × 50 × 50	8,5	325 bis 415
3	40 × 40 × 40	10,0	480 bis 665
Kleinpflaster			
1	100 × 100 × 100	4,5	85 bis 100
2	90 × 90 × 90	5,0	100 bis 125
3	80 × 80 × 80	6,5	125 bis 160
Kleinpflaster			
1/2	160 × 160 bis 220 × 160	2,5	30 bis 36
3/4	140 × 140 bis 200 × 150	3,0	35 bis 49
5	120 × 120 bis 180 × 130	3,5	40 bis 64

* Kantenlängen in mm ± 10 mm
** Circa-Werte
*** Mosaikpflaster von Fugenbreite 6 mm bis Fugenbreite knirsch, Kleinpflaster von Fugenbreite 10 mm bis Fugenbreite knirsch

Kleine Bestellhilfe:
Um bei der Bestellung für eine Natursteinpflasterfläche die ungefähre Gewichtseinheit ohne große Berechnungen festzulegen, können pauschal folgende Werte genutzt werden:

Mosaikpflaster 9 m²/t,
Kleinpflaster 6 m²/t,
Großpflaster 3 m²/t.

Tab. 12. Musterverzeichnis Freianlagen, Teil 2, zur Herstellung von Pflasterdecken bei Mosaik-, Klein- und Großpflaster nach MZW 1990

Pflasterdecke	Ausführung	Zeitbedarf pro m²
als Mosaikpflaster nach Merkblatt für Flächenbefestigung mit Pflaster- und Plattenbelägen, aus Granit, 60 × 60 × 60 mm, DIN 18502	um Einbauten, in Parkflächen, Bettung aus Trass-Zementmörtel, Dicke im verdichteten Zustand 3 cm, Pflasterfugen einschlämmen mit Natursand	127 Minuten (Arbeit per Hand mit Gemeinkostengeräten)
als Kleinpflaster nach Merkblatt für Flächenbefestigung mit Pflaster- und Plattenbelägen, aus Granit, 100 × 100 × 100 mm, Güteklasse I, DIN 18502	in Segmentbögen, in Fußgängerzonen Bettung in Brechsand- Dicke im verdichteten Zustand 4 cm, Pflasterfugen einschlämmen mit Natursand	91 Minuten (Arbeit per Hand mit Gemeinkostengeräten)
als Großpflaster nach Merkblatt für Flächenbefestigung mit Pflaster- und Plattenbelägen, aus Granit, Größe 1, 160 × 160 bis 220 × 160 mm, Güteklasse I, DIN 18502	in Reihen, in Hofflächen, Bettung aus Trass-Zementmörtel, Dicke im verdichteten Zustand 8 cm, Pflasterfugen einschlämmen mit Natursand	72 Minuten (Arbeit per Hand mit Gemeinkostengeräten)

Die Lieferung von Naturpflastersteinen erfolgt in Kisten (Mosaik-, Klein- und Großpflaster), als lose Schüttung (Mosaik-, Klein- und Großpflaster) oder in einem sogenannten „Big Pack“, einem großen Sack (Mosaik- und Kleinpflaster).

Es kann jedoch in der Praxis geschehen, daß vom Händler oder bei Bestellungen im Ausland nicht in jedem Fall nach der DIN 18502 geliefert wird, sondern bereits mit Abweichungen. So erhält man häufig eine 2. Qualität, die ein Arbeiten nach DIN, was Bögen, Schuppen und auch Reihenpflaster anbelangt, nicht immer oder nur mit großen Mühen möglich macht.

Auch die Bezeichnungen der Natursteinpflastergrößen richten sich nicht in jedem Fall nach der DIN 18502, sondern werden in den Händlerlisten mit den betreffenden Abweichungen genannt.

So werden beispielsweise Granit grauweiß und in verschiedenen Rot- und Gelbtönen Basalt, Marmor, Porphyr und andere Gesteinsarten in den Größen 4/6, 4/7, 6/8, 7/9, 7/10, 8/10, 8/11, 9/11, 14/16 und 15/17 angeboten, und dennoch kann man, wenn man das passende Händchen hat, gerade mit solchen Steingrößen hervorragend individuell pflastern.

Musterzeitwerte

Anhaltspunkte für Leistungsrichtwerte für verschiedene Pflasterarbeiten lassen sich dem Musterleistungsvertrag der Forschungsgesellschaft Landschaftsentwicklung, Landschaftsbau e. V. (die FLL hat in ihrer Ausgabe von 1996 Musterzeitwerte, MZW, veröffentlicht) entnehmen (MZW 1996, siehe Tab. 12).

Werkzeuge und Materialien

Listen der gebräuchlichsten Werkzeuge und Materialien

Jeder Pflasterer benötigt gutes und zweckmäßiges Werkzeug, denn nur mit den richtigen Werkzeugen kann bei korrekter Handhabung rationell und mit guter Qualität, aber auch körper- und gesundheitsschonend gearbeitet werden.

Die gebräuchlichsten Werkzeuge

- Pflasterhammer
- Maurerhammer
- Fäustel
- Zweibahnenhammer, Kipphammer
- Scharriereisen
- Wasserwaage
- Rechter Winkel
- Gliedermaßstab (Zollstock)
- Bandmaß
- Gummihammer
- Schnur
- Fugeisen
- Knieschoner (einfach)
- Knieschoner (körperschonend)
- Rüttelplatte
- Wiegelatte/Richtscheit
- Handstampfer
- Schutzbrille
- Schaufel
- Besen
- Haarbesen
- Schnurnagel (Eisenpinn)

Zusätzliche Hilfsmittel

- Schubkarre
- Steinknacker
- Wasserschlauch mit Brauseaufsatz
- Gießkanne
- Nivelliergerät/Meßlatte
- Gummischürze/Rollen für Rüttelplatte
- Hocker
- Dachlatte
- Abstandshalter

Materialien

- Trass-Zement
- Brechsand
- Basaltsplitt
- Basaltmehl
- Künstliche Fuge
- Beton
- Mörtelmischung

Entwässerungsbauteile

- Entwässerungsrinnen mit Abdeckung
- Hofeinläufe
- Abwasserrohre

Beschreibung der Werkzeuge

Der **Pflasterhammer** dient mit seiner speziellen Form dem gezielten Setzen der Naturpflastersteine in ein Sandbett und erleichtert so dem Pflasterer das Verlegen wesentlich. Mit der flachen, schmalen Seite, der sogenannten „Finne", bereitet man den Sitz des Steines im Sandbett vor, mit der Hammerseite wird der Stein auf Höhe geschlagen. Diese Pflasterhämmer gibt es in verschiedenen Breiten, wobei sich die meisten hauptsächlich zum Setzen von Klein- und Großpflaster eignen. Möchte man ein Mosaikpflaster setzen, sollte man dies mit der schmalsten Ausführung des Pflasterhammers oder mit einem Maurerhammer, der im Aufbau genauso ausgelegt ist wie der Pflasterhammer, tun.

Schnurnägel werden zur Befestigung der Höhenschnur an den Anfangs- und Endpunkten der zu verlegenden Fläche oder des Mittelpunktes für Kreise benötigt.

Schnüre selbst sind in den verschiedensten Variationen erhältlich, wobei sich nicht alle angebotenen Qualitäten gut eignen. Nylonschnüre halten beispielsweise wesentlich schlechter als rauhe, gedrehte Schnüre.

Einen **Fäustel** sollte man immer zur Verfügung haben. Er dient nicht nur zum Einschlagen der Schnurnägel (dies könnte u. U. auch mit dem Pflasterhammer geschehen, wobei sich bei diesem sehr schnell der Hammerstiel lockern kann), sondern er wird auch für Nebenarbeiten, wie das Teilen eines Steines mit dem Scharriereisen, benötigt.

Besonders die harten Pflastersteine, wie Granit oder Porphyr, lassen sich besser mit dem mit VIDIA-Stahl bestückten „Flachmeißel", dem **Scharriereisen** (40 oder 60 mm breit), längs als auch diagonal trennen.

Bei weicheren Steinen kann dies auch mit dem **Zweibahnenhammer** geschehen. Das ist ein Fäustel mit nach innen gewölbter Schlagfläche und damit zwei Schlagkanten. Allerdings werden die Steine bei dieser Art von Trennung häufig nicht im Ganzen geteilt, sondern einzelne Partikel spritzen ab.

Deshalb sollte man bei Arbeiten wie dem Teilen bzw. Trennen oder Einpassen von Steinen eine **Schutzbrille** tragen.

Um das Abspritzen von kleinen Steinteilen zu vermeiden, kann das Einschneiden auch mit dem **Steinknacker** erfolgen. Dieser arbeitet hydraulisch und damit ohne große Kraftanstrengung.

Natürlich werden zum exakten Arbeiten auch eine ganze Reihe von Meßgeräten benötigt. Bei größeren Gartenanlagen oder Garagenhöfen sollte man, sofern noch nicht geschehen, vorab die Höhen einmessen. Hierbei bedient man sich des **Nivelliergerätes** und einer **Meßlatte**, um die Fläche in allen Bereichen niveaumäßig festzulegen.

Bei kleineren Anlagen, Terrassen oder Wegeflächen überträgt man die Höhen mit der **Wiegelatte** (4 oder 5 m lang) oder spannt sich eine Schnur und richtet die Höhe mit Hilfe einer **Wasserwaage** aus. Auch hier ist genaues Arbeiten unbedingte Voraussetzung.

Genaue Höhen verlangen auch ein genaues Einmessen.

Größere Entfernungen werden mit dem **Bandmaß** festgelegt, nach dem Satz des Pythagoras können rechte Winkel erstellt und bei der Kreisverlegung genaue Abstände eingehalten werden.

Kleinere Bereiche können mit dem **Gliedermaßstab (Zollstock)** abgedeckt werden. Er dient zum Ausmessen von Höhen und Überprüfen von Abständen.

Da auch im Garten- und Landschaftsbau die Arbeitssicherheit eine wichtige Rolle spielt, soll nachfolgend auf einige wesentliche Aspekte eingegangen werden.

Das Tragen von **Handschuhen** und **Sicherheitsschuhen** wird als selbstverständlich vorausgesetzt.

Zum Schutz der Knie sind **Knieschoner** entwickelt worden, die einerseits den Druck des Körpergewichtes auf das Knie vermindern und zum anderen bei feuchtem Sand das Knie trocken halten sollen. Leider haben diese Schoner auch gewisse Nachteile. Erstens sammelt sich sehr schnell an der Innenseite zum Knie Sand, zweitens verhindern die Gummibänder, mit denen sie gehalten werden, die Blutzirkulation in der Kniekehle und drittens ist der Fuß ständig abgeknickt, was zu sehr unangenehmen Folgen beim Aufstehen führen kann.

Dem wurde mittlerweile mit der Entwicklung eines körperschonenden Knieschoners Abhilfe geschaffen, welcher nicht nur das Knie, sondern auch den Rücken beim Pflastern wesentlich entlastet. Die Gummibänder sind ebenfalls etwas verträglicher als bei den herkömmlichen, der Preis ist in der Anschaffung allerdings etwas höher. Wer mit dem Knieschoner nicht rationell arbeiten kann, sollte sich eines Hockers (Einbeinschemel) bedienen.

Der Knieschoner besteht aus zwei Kissen und einem Metallgestell. Man steigt in dieses Gestell, kniet auf dem einen Kissen und sitzt auf dem hinteren. Dadurch bleiben der Fuß gestreckt und der Rücken relativ aufrecht. So wird ein ausdauerndes Arbeiten möglich, auch wenn sich hier Sand zwischen Kissen und Knie schieben kann.

Zum Festigen der fertig verlegten Pflasterfläche und „auf die richtige Höhe bringen" der Steine können je nach Material und Gegebenheit verschiedene Geräte eingesetzt werden.

Bei einer größeren Fläche, die beispielsweise mit Hartgestein wie Granit belegt ist, können die Steine mit der **Rüttelplatte** auf Endhöhe gebracht werden.

Je feiner das Material, um so größer die Bruchgefahr einzelner Pflastersteine. In diesen Fällen sollte man eine **Gummischürze** oder **Rollen** benutzen, die einerseits ein gleichmäßiges, sanftes Abrütteln ermöglichen und andererseits bei Natursteinen mit glatter, feiner Oberflächenstruktur das Verkratzen durch Sandkörner weitestgehend vermeiden.

Kleinere Flächen, auch zwischen Plattenbändern und anderen Einfassungen, können mit einem **Handstampfer** gleichmäßig auf Höhe gerammt werden. An den Rändern zu Belägen ist immer mit Vorsicht zu stampfen, da in diesen Bereichen eine erhöhte Bruchgefahr besteht.

Bei ganz feinem oder sehr empfindlichem Material, beispielsweise Marmor, kann man einen runden oder viereckigen **Gummihammer** verwenden und die Pflastersteine auf diese Weise mit dem gebotenen Feingefühl befestigen.

Besen und **Schaufel** sind unerläßliche Werkzeuge. Schaufeln dienen zum Ausbringen von Sand oder Splitt sowie zum Herstellen der Mörtelmischung. Zum Einfegen wird meist ein borstiger, harter Besen benutzt, um den meist groben, nassen Sand oder Splitt kraftvoll in den Fugen zu verteilen.

Bei feinem und vielleicht zu Beginn (vor dem Einschlämmen) auch leicht trockenem Sand, ist ein **Haarbesen** angebracht. Mit ihm lassen sich die feinen Partikel wesentlich besser in den Fugen verteilen. Sollte mit einer Trockenmischung gearbeitet worden sein, so läßt sich auch in diesem Fall die Oberfläche mit einem Haarbesen wesentlich besser säubern.

Hilfsmittel, die nicht vergessen werden sollten, sind die **Schubkarre**, die als „Kleintransportmittel" von großem Nutzen ist, das **Fugeisen** zum Verfugen der mit großem Abstand in ein Zementmörtel- bzw. Kalkmörtelbett gesetzten Naturpflastersteine und die **Abstandshalter** beim Setzen von Reihenpflaster mit Kreuzfugen.

Zum Einschlämmen bietet sich bei größeren Flächen natürlich ein **Wasserschlauch mit Brauseaufsatz** an. Die Brause soll ein „Ausspritzen" der Fugen vermeiden, denn durch ein gleichbleibendes sanftes Bewässern der Fläche wird das Ausspülen von Sand oder anderer Fugenmaterialien vermieden. Besonders bei der Arbeit mit trockenen Mörtelmischungen kann auf diese Art und Weise ein Verschmutzen des Natursteinpflasters vermieden werden.

Bei kleinen oder schwierigen Flächen kann auch die **Gießkanne** eingesetzt werden.

Zuletzt (da sie nur bei bestimmten Pflasterarbeiten benötigt wird) soll die **Dachlatte** erwähnt werden. Sie dient, sofern kein Meßband vorhanden, als „Abstandshalter" bei der Kreisverlegung, um gleichbleibende Kreisabstände vom Mittelpunkt aus zu erzielen.

Beton und Mörtelmischung

Beton ist zur Befestigung von Einfassungen und Umrandungen sowie als Tragschicht und Verbundbaustoff für Terrassen im Hausgarten, für Eingangsbereiche und Zufahrten, für Garagen- und Stellplätze unerläßlich.

Beton ist eine Mischung aus Sand und Kies oder Splitt unter Zuhilfenahme von Zement und Wasser, dem sogenannten Zementleim. Er wird in sieben Festigkeitsklassen eingeteilt: B 5, B 10, B 15, B 25, B 35, B 45 und B 55. Die Zahl gibt die Druckfestigkeit an, die in N/mm^2 beschrieben wird. Die Nennfestigkeit darf bei der Betonprüfung nicht unterschritten werden.

Für die Landschaftsgärten sind hauptsächlich die ersten vier Festigkeitsklassen von Bedeutung.

Als „unbewehrter“ Beton werden die Qualitäten B 5 und B 10 beispielsweise zum Setzen der Kantensteinumrandung, zum Abstützen der seitlichen Pflasterung oder zum Setzen einer Großpflasterzeile verwendet.

Zum Auffangen einer höheren Druckbelastung wird bei Terrassentragschichten eine Betonplatte mit Armierung eingebracht. Dabei ist die Festigkeitsklasse B 15 ausreichend, in speziellen Fällen kann auch B 25 eingesetzt werden.

Am häufigsten wird der Beton der Regelkonsistenz (KR) eingesetzt. Dabei handelt es sich um einen weichen, leicht fließenden Beton, der sich leicht verarbeiten läßt.

Beton kann allgemein in vier verschiedenen Konsistenzen eingebaut werden:

- steif; KS,
- plastisch; KP,
- weich; KR (Regelkonsistenz) und
- fließfähig; KF (Fließbeton).

Für Kantensteine oder zum Setzen von Natursteinläufern würde bereits ein steifer oder plastischer Beton ausreichen.

Zum Herstellen der Betonplatte für eine Terrasse bietet sich der Fließbeton (KF) an, da er sich leicht zwischen der Stahlbaumatte (Bewehrung) ausbreitet, auch die Winkel ausfüllt und sich selbst „in Waage“ bringt. Voraussetzung hierfür ist eine gut gebaute Verschalung, die den Terrassenkörper mit allen seinen Aussparungen umgibt.

Der Beton sollte auf jeden Fall verdichtet werden. Eine wichtige Arbeit, die sorgfältig und gewissenhaft ausgeführt werden muß. Mit der Verdichtung erreicht man, daß alle Bewehrungsteile (Stahlbaumatte) dicht mit Beton umhüllt werden, weil ansonsten Lufteinschlüsse die Festigkeit beeinträchtigen und im Extremfall zu Aufbrüchen führen können.

Als Bewehrung werden beim Terrassenbau am häufigsten die Stahlbaumatten der Benennung Q 131, Q 188, Q 221, Q 257 und Q 377 eingesetzt. Q bedeutet, daß die einzelnen Mattenfelder quadratisch angeordnet sind und die Stababstände 15 cm betragen – im Gegensatz zu Rechteckmatten, zum Beispiel R 131 mit den Stababständen 15/25 cm. Die Matten sind 500 cm lang und 215 cm breit, haben einen Stabdurchmesser von 5 (Q 131) bis 8,5 mm (Q 377) und ein Gewicht zwischen 22,5 und 56,0 kg.

Sind Aussparungen in einer Fläche vorzunehmen oder Kleinbereiche bzw. Treppenanlagen zusätzlich zu bewehren, so kann dies durch Einschneiden der Bewehrungsmatten mit Hilfe eines Bolzenschneiders realisiert werden. Vor dem Verfüllen wird die Bewehrungsmatte im unteren oder oberen Drittel (Zug und Druck) der Betonfläche so auf Metallbügel aufgelegt, daß ein Durchhängen vermieden wird. Anschließend wird sie mit Draht an den Bügeln festgebunden, um ein Verschieben beim Einfüllen des Fließbetons zu vermeiden. Die „schwimmende“ Betonplatte wird nicht, wie schon erwähnt, an der Hauswand verbunden, sondern mit Styropor von dieser abgetrennt, um Schallübertragungen zu vermeiden. Bei einem Neubau kann die Betonplatte in einem Arbeitsgang mit der Kellerdeckenkonstruktion mitgegossen werden, um ein Absacken garantiert zu vermeiden.

Während die Betons der Konsistenzbereiche KS, KP, KR häufig durch einfaches Stampfen verdichtet werden können, benötigt man bei der Qualität KF eine sogenannte „Rüttelflasche“ (Innenrüttler).

Bei größeren zu betonierenden Flächen sollte man den benötigten Beton bei einer Fachfirma bestellen (Transportbeton).

Mörtelmischungen, die nun auf die fertiggestellte Betonplatte aufgebracht werden müssen, können relativ problemlos selbst hergestellt werden.

Aussagen über das Verhältnis Zement/Sand und Hinweise zur Dichte des Zementes sind der Seite 51 dieses Buches zu entnehmen, da auch dies ein wichtiger Teilaspekt für das erfolgreiche Setzen von Natursteinpflaster ist. Die richtige Mischung auf einer Betonplatte kann ohne Zusatzstoffe dennoch ein Mißerfolg werden. Beide Teile verbinden sich nicht unbedingt oder sehr schlecht, da der Beton schon gehärtet ist und die Mörtelmischung nicht genügend Haftung erfährt. In diesem Fall hilft zum Beispiel „Ceresit haftfest", in Wasser gemischt, als Bindemittel. Die Betonplatte damit bestrichen oder besprengt, wirkt es wie ein „Kleber". „Ceresit flüssig" der Mischung beigemengt erhöht die Geschmeidigkeit. Größere Mischungsmengen können mit einer Mischmaschine hergestellt werden, was auch eine bessere Vermischung der Bestandteile Sand, Zement und Wasser zur Folge hat.

Besonders sauberes Arbeiten kann mit Trass-Zement erreicht werden. Trass – aus Tuffstein gewonnen – als Zusatz bewirkt, daß ein starkes Ausblühen, ein Weißwerden der Natursteinoberfläche, verhindert wird. Trass-Zement erhärtet aufgrund seiner gröberen Mahlfeinheit langsamer als Portland- oder Eisenportlandzement.

Die maßgebende Norm für Zement ist die DIN 1164. Zemente dieser Norm können miteinander vermischt werden.

Zum Pflastern von Natursteinpflaster auf Betontragschichten wird nach der DIN 18318 in ein Zementmörtelbett im Mischungsverhältnis 1 : 4, erdfeucht mit einem Zementgehalt von 270 kg/m^2 gesetzt.

Als Füllung für Pflasterfugen sollte der Zementmörtel schlämmbar oder gießfähig sein, mit einem Zementgehalt von 600 kg/m^2.

Mineralstoffgemische für Bettung und Fuge

Zur Pflasterbettung, zum Verfugen sowie für Tragschichten werden verschiedene Mineralstoffgemische verwendet. Auch hier werden große Ansprüche an das Material gestellt, um eine lange Lebensdauer von Terrassen, Ein- und Zufahrten, Wegen und Garagenflächen mit ihren Tragschichten und Pflasterbelägen zu gewährleisten.

Für wasserdurchlässige Pflasterbeläge werden gemäß DIN 18318, TL Min-StB94 (Technische Lieferbedingungen für Mineralstoffe), DIN 4226 Teil 1, ZTVT-StB 86 die in Tabelle 13 zusammengefaßten Anforderungen an Mineralstoffgemische für Bettung und Fuge gestellt.

Tab. 13. Anforderungen an Mineralstoffgemische für Bettung und Fuge bei wasserdurchlässigen Pflasterbelägen (DIN 18318)

Bezeichnung	Natur-sand	Natur-sand	Splitt	Splitt	Brechsand-Splitt-Gemisch
Körnung (in mm)	0/2	0/4	1/3	2/5	0/5
Unterkorn bis (in Gew.-%)	–	–	–	10	–
Überkorn bis (in Gew.-%)	25 bis 8 mm	20 bis 8 mm	10 bis 8 mm	10 bis 8 mm	20 bis 8 mm
abschlämm-bare Bestandteile (in Gew.-%)	≥ 4	≥ 4	≥ 3	≥ 3	≥ 3 oder ≥ 4
Durchlässigkeit nach Beyer (in m/s)	5×10^{-5}	5×10^{-5}	1×10^{-4}	1×10^{-2}	5×10^{-5}

Tab. 14. Anforderungen an Mineralstoffgemische für Tragschichten bei wasserdurchlässigen Pflasterbelägen (DIN 18315)

Bezeichnung	Kiessand	Kiessand	Kiessand	Schotter
Körnung (in mm)	0/32	0/45	0/56	0/32
Unterkorn bis (in Gew.-%)	–	–	–	10
Überkorn bis (in Gew.-%)	10 bis 45 mm	10 bis 56 mm	10 bis 56 mm	10 bis 45 mm
abschlämmbare Bestandteile (in Gew.-%)	≥ 7	≥ 7	≥ 7	≥ 7
Durchlässigkeit nach Beyer (in m/s)	10^{-5} bis 10^{-4}	10^{-5} bis 10^{-4}	10^{-5} bis 10^{-4}	10^{-5} bis 10^{-4}

Bezeichnung	Schotter	Schotter	Schotter	Schotter	Schotter
Körnung (in mm)	0/45	0/56	2/32	5/45	8/56
Unterkorn bis (in Gew.-%)	–	–	10	15	15
Überkorn bis (in Gew.-%)	10 bis 56 mm	10 bis 63 mm	10 bis 45 mm	10 bis 56 mm	10 bis 56 mm
abschlämmbare Bestandteile (in Gew.-%)	≥ 7	≥ 7	≥ 7	≥ 7	≥ 7
Durchlässigkeit nach Beyer (in m/s)	10^{-5} bis 10^{-4}	10^{-5} bis 10^{-4}	$> 10^{-4}$	$> 10^{-3}$	$> 10^{-2}$

Mineralstoffgemische für Tragschichten

Für wasserdurchlässige Pflasterbeläge werden gemäß DIN 18315, TL Min-StB94 (Technische Lieferbedingungen für Mineralstoffe), DIN 4226 Teil 1, ZTVT-StB 86 die in Tabelle 14 (S. 113) zusammengefaßten Anforderungen an Mineralstoffgemische für Tragschichten gestellt.

„Künstliche Fugen"

Auf dem Markt wird eine große Auswahl von künstlichem Fugenmaterial und anderen Produkten zur Natursteinpflasterverarbeitung angeboten. Diese „künstliche Fuge" steht in Konkurrenz zu herkömmlichen Fugenmaterialien bei der Natursteinpflasterverarbeitung.

Die Hersteller versprechen z. B. für das Produkt vdw 800 Pflasterfugenmörtel eine bessere Eignung für „saubere Pflasteroberflächen mit klarer Struktur und dauerhaft verfüllten Fugen". Anwendungsbereiche sind Natursteinpflasterflächen sowie Natursteinplattenflächen, auch Flächen aus Betonplatten und -pflaster sowie Klinkerbeläge für leichte bis mittlere Verkehrsbelastung; das heißt, für Fußgängerzonen, Passagen, Altstadtbereiche, Terrassen, Gartenwege, Garagenhöfe und -einfahrten. Die „künstliche Fuge" vdw 800 zeichnet sich durch leichte Verarbeitung und dauerhafte Haltbarkeit aus, ist umweltverträglich, wasserdurchlässig, frostbeständig, kehrsaugmaschinenfest sowie fußgängerfreundlich und sieht nach vorschriftsmäßigem Einbau in den verschiedenen Farbkombinationen Natur/Steingrau/Basalt recht attraktiv aus.

Zur Herstellung von vdw 800 und seiner Verarbeitung werden folgende Geräte und Werkzeuge benötigt:
- Zwangsmischer,
- Freifallmischer
- Wasserschlauch mit Sprühdüse
- Gießkanne
- Schubkarre
- Gummischieber
- Besen

Die Kosten für das Bindemittel vdw 800 liegen bei etwa 210,00 DM + Mehrwertsteuer für einen Sack mit 40 kg (Stand 1998); bei Abnahme von mehr als 200 kg 186,00 DM + MWSt.

Neben dem vdw Pflasterfugenmörtel gibt es eine weitere interessante Systempalette von Fugenmörteln und zusätzlich oft benötigten Produkten.

Nachfolgend deshalb einige Kurzbeschreibungen für verschiedene Mörtel beim Pflastern.

vdw 800 Pflasterfugenmörtel
Zur Verfugung von Natur- und Betonsteinpflaster, Platten und Klinkerbelägen in Altstadtbereichen, Fußgängerzonen, Verkehrsinseln, Passagen, Terrassen, Garageneinfahrten und -höfen, Gartenwegen usw. mit leichter bis mittlerer Verkehrsbelastung.

Bindemittel: zweikomponentiges, lösungsmittelfreies, wasseremulgierbares Epoxidharz
Farben: Natur, Steingrau, Basalt
Fugenbreite: ab 5 mm
Verbrauch: ca. 1,8 kg/l Fugenraum
Korngröße: 0,3 bis 1,2 mm
Druckfestigkeit: 18,0 N/mm^2
Wasserdurchlässigkeit: 36 × 10^3 l/m^2/h
Lieferform: 40 kg Sack

vdw 805 Pflasterfugenmörtel Enge Fuge

Zur Verfugung von Natur- und Betonsteinpflaster, Platten und Klinkerbelägen in Altstadtbereichen, Fußgängerzonen, Passagen und anderen Pflasterflächen mit engen Fugen, für leichte bis mittlere Verkehrsbelastung.

Bindemittel: zweikomponentiges, lösungsmittelfreies, wasseremulgierbares Epoxidharz
Farben: Natur, Basalt
Fugenbreite: ab 2 mm
Verbrauch: ca. 1,35 kg/l Fugenraum

Korngröße: 0,06 bis 0,4 mm
Druckfestigkeit: 25,0 N/mm^2
Wasserdurchlässigkeit: 20 × 10 l/m^2/h
Lieferform: 30 kg Sack

vdw 810 Fugenmörtel Fest

Für Pflasterflächen aus Natur- und Betonsteinpflaster, Platten und Klinkerbelägen in Altstadtbereichen, Fußgängerzonen, Pflasterstraßen, Einfahrten, Ladezonen usw. mit mittlerer bis starker Verkehrsbelastung.

Bindemittel: zweikomponentiges, lösungsmittelfreies, nicht wasseremulgierbares Epoxidharz
Farben: Natur, Basalt
Fugenbreite: ab 8 mm
Verbrauch: etwa 2 kg/l Fugenraum

Korngröße: 0,3 bis 1,2 mm
Druckfestigkeit: 50,0 N/mm^2
Wasserdurchlässigkeit: 13 × 10^2 l/m^2/h
Lieferform: 30 kg Sack

vdw 820 Fugenmörtel Hochfest

Für Pflasterflächen aus Natur- und Betonsteinpflaster, Platten und Klinkerbeläge in Altstadtbereichen, Pflasterstraßen, Einfahrten, Ladezonen usw. mit starker bis stärkster Verkehrsbelastung.

Bindemittel: zweikomponentiges, lösungsmittelfreies, nicht wasseremulgierbares Epoxidharz
Farben: Natur, Basalt
Fugenbreite: ab 10 mm
Verbrauch: etwa 2 kg/l Fugenraum

Korngröße: 0,06 bis 2,5 mm
Druckfestigkeit: 90,0 N/mm^2
Wasserdurchlässigkeit: gering
Lieferform: 30 kg Sack

vdw 840 Fugenfix Fertig

Fertiges Quarzsandgemisch und Bindemittel für Pflasterflächen aus Natur- und Betonsteinpflaster, Platten und Klinkerbeläge in Bereichen mit reiner Fußgängerbelastung, wie Terrassen, Gartenwege usw.

Bindemittel: modifiziertes ungesättigtes, luftsauerstoffhärtendes Flüssigpolymer
Farben: Natur, Basalt
Fugenbreite: ab 5 mm
Verbrauch: ca. 1,65 kg/l Fugenraum

Korngröße: ab 0,06 bis 1,2 mm
Druckfestigkeit: 15,0 N/mm^2
Wasserdurchlässigkeit: dauerhaft wasserdurchlässig
Lieferform: 25 kg Sack

Weiterhin werden angeboten:
vdw 845 Fugenfix Flüssig
- Bindemittel zur Herstellung von vdw 840 Fugenfix Fertig mit feuergetrocknetem Quarzsand.

vdw 860 PC-Mörtel
- Bettungsmörtel auf Epoxidharzbasis zur Reprofilierung schadhafter Untergründe.

vdw 880 Elastische Dehnungsfugenmasse
- Vergußmasse zur Herstellung von Dehnungsfugen in Pflaster- und Plattenbelägen.

vdw 900 Pflasterglanz
- Versiegelung von Pflaster- und Natursteinflächen, Intensivierung der Farbgebung, Schutz vor Verschmutzung.

vdw 905 Pflasterclean
- Reinigung von Natur- und Betonsteinflächen.

vdw 915 Pflasterrostex
- Beseitigung von Rostbildung an den Gesteinsoberflächen.

vdw 920 Zementschleierentferner
- Entfernung hydraulisch gebundener Mörtelreste.

Neben vdw gibt es noch verschiedene Anbieter von Pflasterfugenmitteln. Die Firma Sakret bietet beispielsweise für dauerhaft feste und wasserundurchlässige Fugen den **Pflasterfugenmörtel PF 1** zur Verfugung von normal belasteten Flächen an. Hierbei handelt es sich um ein Gemisch aus Kunstharzbindemittel und speziell aufbereiteten Zuschlägen, welches unter Einwirkung von Luftsauerstoff aushärtet. Bei festen, gut begehbaren Fugen bleibt die Wasserdurchlässigkeit erhalten, so daß Regen oder Schmelzwasser nicht in die Kanalisation abgeleitet wird, sondern im Boden versickert. Er eignet sich für Fußgängerzonen, Vorplätze, Gartenanlagen, Gartenwege oder Innenhöfe.

Der **Pflasterfugenmörtel PF 2** sollte zur Verfugung von mittel bis stark belasteten Pflasterflächen eingesetzt werden. Es handelt sich hierbei um einen vorgemischten Zwei-Komponenten-Reaktionskunststoffmörtel auf Epoxidharzbasis. Er eignet sich zur Verfugung von Natursteinpflastern und Betonpflaster sowie Alt- oder Neupflaster. Nach der Aushärtung besitzt der Pflasterfugenmörtel hohe Festigkeitswerte, die alle Fugen langfristig gegen äußere Einflüsse schützen. Die Wasserdurchlässigkeit bleibt dabei erhalten (siehe Tab. 15).

Entwässerungseinrichtungen

Um das Oberflächenwasser von Natursteinpflasterflächen abzuleiten, werden im allgemeinen Entwässerungsrinnen, Hofabläufe und Rohrleitungen benötigt.

ACO DRAIN Systeme

Häufig findet für diesen Zweck die ACO-Entwässerungsrinne Verwendung, wobei mehrere Systeme unterschieden werden.

Tab. 15. SAKRET-Pflasterfugenmörtel PF 1 und PF 2

	PF 1	PF 2
Bindemittelbasis	spezielle Kunstharze	Epoxidharz, wasseremulgierbar
Farbe	sandfarben, grau, anthrazit	sandfarben
Mindestverarbeitungs-temperatur	+5 °C	+8 °C
Schüttdichte	etwa 1,35 kg/l	etwa 1,4 kg/l
Verbrauch/Hohlraum	etwa 1,65 kg	etwa 1,7 kg
Arbeitsgeräte	Besen	Mischer, Rakel, Besen
Verarbeitung	nur in die Fugen einfegen, verdichten	mischen, einschlämmen, verdichten und nachwaschen
Mindestabmessungen der Fugenbreite der Fugentiefe	8 mm 30 mm	8 mm 30 mm
Wasserschluckwerte K (in Anlehnung an DIN 18035, T5)	etwa 30 cm Wassersäule/Stunde	etwa 50 cm Wassersäule/Stunde
Belastbarkeit bei 20 °C und bei PF 1 50% rel. Luftfeuchte: – Fußgängerverkehr – Kehrmaschine, Verkehr	nach etwa 24 Stunden nach etwa 7 Tagen (niedrige Temperatur und erhöhte Luftfeuchte führen zu verzögertem Abbinden)	
Druckfestigkeit	etwa 13 N/mm²	etwa 13 N/mm²
Biegezugfestigkeit	etwa 7 N/mm²	etwa 9 N/mm²
Haftzugfestigkeit	etwa 0,5 N/mm²	etwa 1 N/mm²
Lagerung	in Vakuumsäcken für 6 Monate	im Originalgebinde für 6 Monate
Entsorgung	im ausgehärteten Zustand als Bauschutt auf geordnete Deponie	im ausgehärteten Zustand als Bauschutt auf geordnete Deponie

Für Arbeiten im Terrassen- und Wegebau oder bei Garageneinfahrten ist im Garten- und Landschaftsbau die Entwässerungsrinne ACO DRAIN System G 100 (G = GALA) am gebräuchlichsten. Der Rinnenkörper besteht aus Polymerbeton (damit ist sie wesentlich leichter als Betonrinne), zeichnet sich durch extreme Beständigkeit und Festigkeit aus, hat eine glatte, geschlossene Innenoberfläche, hydraulische Selbstreinigung, ist durch quarzitische Füllstoffe und Reaktionsharz undurchlässig gegenüber Wasser, Ölen und Fetten sowie frost- und tausalzbeständig. Das Sohlengefälle beträgt 0,0 % und 0,5 %.

Die Rinne ACO DRAIN System G 100 hat folgende Abmessungen (in cm):
- Länge: 100 und 50,
- Höhe: 15 bis 20,
- Breite: Außenkante 13 und Innenkante 10.

Die Belastungsklasse nach DIN 19580 entspricht A bis B.

Die Rinne ACO DRAIN System N 100 hat folgende Abmessungen (in cm):
- Länge: 100,
- Höhe: 15 bis 20,
- Breite: Außenkante 13 und Innenkante 10.

Die Belastungsklasse nach DIN 19580 entspricht A bis C.

Der Entwässerungsrinne ACO DRAIN System G 100 ist die Entwässerungsrinne ACO-SELF in Bau und Funktion sehr ähnlich.

Ein weiteres für den Garten- und Landschaftsbau recht häufig eingesetztes Rinnensystem ist das ACO DRAIN System N 100 K mit der schraublosen Arretierung „Quicklock" aus Polymerbeton, integriertem Kantenschutz, Stahlverzinkung und eingegossener Zarge. Das in den Boden der Rinne eingebaute Sohlengefälle beträgt 0,0 % und 0,5 %.

Dieses System läßt sich durch paßgenaue Übergänge und ein Nut- und Federsystem leicht verlegen. Durch die Quicklock-Arretierung kann der Rinnenkörper durch einfaches Andrücken mit der Abdeckung verbunden werden. Bei einem auf die Rinne zuführenden Gefälle und durch den horizontalen (waagerechten) Einbau dieser Rinne in eine Terrasse oder in einen Garagenhof kann das angesammelte Regenwasser bei gleichbleibendem waagerechtem Verlauf der Rinnenoberkante durch das Eigengefälle in der Rinnensohle von 0,5 % ohne große Probleme abgeführt werden. Die Aneinanderreihung der numerierten Elemente wird durch die unterschiedliche Einbautiefe vereinfacht.

Weitere Systeme sind:
ACO DRAIN System S 100 (Schwerlastrinne)
- aus Polymerbeton,
- mit Stegrost aus Kugelgraphitguß GGG,
- Vorformung für senkrechten Ablauf DN 100,
- Abmessungen (in cm): Länge: 100, Höhe: 18,9/24,9/36,9, Breite: Außenkante 15,5 und Innenkante 10,
- die Belastungsklasse nach DIN 19580 entspricht A bis F.

ACO DRAIN System S 200 (Schwerlastrinne)
- aus Polymerbeton mit integrierter Gußzarge,
- mit Stegrost aus Kugelgraphitguß GGG,
- Vorformung für senkrechten Ablauf DN 100,
- Abmessungen (in cm): Länge: 100, Höhe: 30,9, Breite: Außenkante 26 und Innenkante 20,
- die Belastungsklasse nach DIN 19580 entspricht A bis F.

MEARIN Entwässerungsrinnen
- aus glasfaserverstärktem Polyester,
- bruch- und schlagfest,
- belastbar bis 15 t Raddruck,
- mit einer Selbstreinigung durch eine glatte Sohle,
- einfach und schnell zu verlegen,
- serienmäßig verzinkte Rinnenroste werden aufgelegt,
- zusätzlich Kunststoffroste.

POLYDRAIN Rinnen (Buderus)
- aus Polyesterbeton,
- für besondere Einsatzbereiche aus hochresistentem Vinylesterbeton,
- mit breitem Angebot an Zubehörteilen.

Belastungsklassen

Die nachfolgende Tabelle gibt Auskunft zu den Belastungsklassen der Entwässerungssysteme für verschiedene Verwendungszwecke.

Tab. 16. Belastungsklassen nach DIN 19580

Klasse	Verwendungsbereich	Prüfkraft in kN
A	Grünflächen	15
B	Gehwege	150
C	Parkplätze, nur in Rinnen	250
D	Fahrbahnen	400
E	Flächen mit besonders hohen Radlasten	600
F	Flugbetriebsflächen	900

Zubehör für ACO-Entwässerungsrinnen

Rinnenabdeckungen

Rinnenabdeckungen können beispielsweise sein:
- Streckmetallrost, verzinkt
- Maschenrost, MW 30 × 15 mm, Stahl verzinkt
- Stegrost, Gußeisen GG
- Stegrost, Schlitzweite 5 mm, Gußeisen GG
- Doppelstegrost, Maschenrost oder Lochrost verzinkt
- Doppelstegrost, Maschenrost oder Lochrost Edelstahl
- Lochrost Messing
- Lochrost Kupfer

Bei der Auswahl der Rinnenabdeckungen ist die zu erwartende Belastung zu berücksichtigen.

ACO-Drainrinne mit Abdeckung und Abschlußwand.

Stirn- oder Abschlußwand

Sie besteht aus Polymerbeton und kann mit oder ohne Stutzen ausgebildet sein. Die Größen entsprechen den Ablaufrinnen in Breite und Höhe.

Rinnenabgang

Bei längeren Entwässerungsrinnen sollte ein Rinnenabgang eingebaut werden. Dazu bietet sich der Einlaufkasten N 100 an. Material: Polymerbeton mit integrierter Stahlzarge mit Schlammeimer, Stahl verzinkt, zum Auffangen von Schwemmstoffen, mit Vorformung DN 100 und DN 150 sowie bei Bedarf mit Geruchverschluß.

Abmessungen (in cm): Länge: 50, Höhe: 50, Breite: wie Entwässerungsrinne.

Hofabläufe

Für die Entwässerung von Garagen- oder Terrassenflächen bzw. Ablaufrinnen finden häufig Ablaufkombinationen aus Betonteilen nach

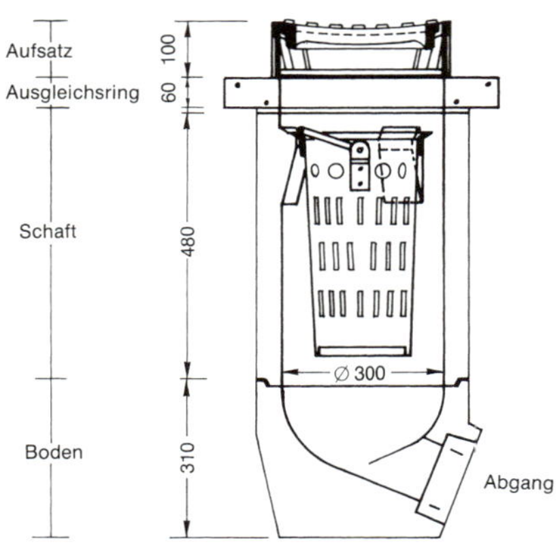

Abb.29.
Ablaufkombination mit Aufsatz Klasse B 125.

Tab. 17. Übersicht zu Ablaufkombinationen

Ablaufkombination mit Aufsatz Klasse A 15	Ablaufkombination mit Aufsatz Klasse A 15	Ablaufkombination mit Aufsatz Klasse B 125	Ablaufkombination mit Aufsatz Klasse B 125
Aufsatz DIN 19590–AA15 mit Eimerauflage	Aufsatz DIN 19590–BA15 mit Eimerauflage	Aufsatz DIN 19593–CB125 mit Eimerauflage	Aufsatz DIN 19593–CB125 mit Eimerauflage
Auflagering DIN 1236-28	Auflagering DIN 1236-28	Auflagering DIN 1236-28	Auflagering DIN 1236-28
Eimer, verzinkt, DIN 1236-K	Eimer, verzinkt, DIN 1236-K	Eimer, verzinkt, DIN 1236-L	Eimer, verzinkt, DIN 1236-L
Schaft, kurz DIN 1236-26	Schaft, kurz DIN 1236-26	Schaft, kurz DIN 1236-25	Schaft, kurz DIN 1236-25
Boden DN 100 DIN 1236-21	Boden DN 100 DIN 1236-23	Boden DN 100 DIN 1236-21	Boden DN 100 DIN 1236-23
(Bei Verwendung der Aufsätze 300 × 300 mm ist immer ein Auflagering erforderlich.)			

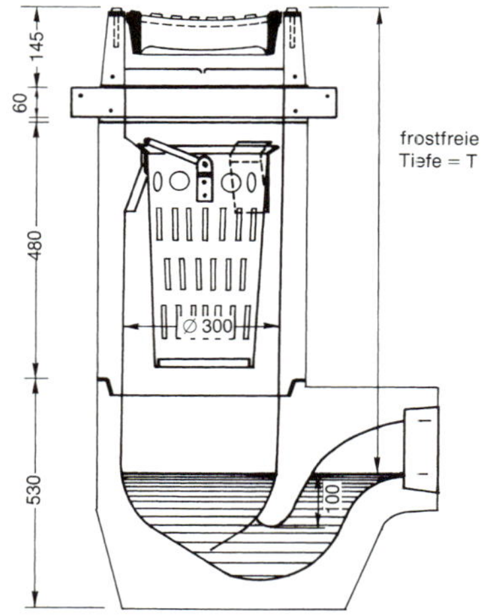

Abb.30.
Ablaufkombination mit Geruchverschluß Klasse B 125.

Tab. 18. Aufsätze Klasse A 15 für Abläufe aus Betonteilen nach DIN 1236

Beschreibung	**Länge in mm**	**Breite in mm**	**Höhe in mm**	**Gewicht in kg/St.**
Aufsatz Klasse A 15, DIN 19590-AA15, 300 × 300 Pultform, Rahmen mit Eimerauflage aus Gußeisen, Rost aus Gußeisen, Einlaufquerschnitt 265 cm²	300	300	60	12,5
BEGU-Aufsatz Klasse A 15, DIN 19590-BA15, 400 × 400 Pultform, BEGU-Rahmen mit Eimerauflage aus Gußeisen mit Beton, Rost aus Gußeisen, Einlaufquerschnitt 265 cm²	400	400	80	30,5
BEGU-Aufsatz Klasse A 15, DIN 19590-CA15, 500 × BEGU-Rahmen mit Eimerauflage aus Gußeisen mit Beton, Rost aus Gußeisen, Einlaufquerschnitt 265 cm²	500	500	80	46,0
Aufsatz Klasse A 15, 300 × 300 Pultform, Rahmen mit Eimerauflage aus Gußeisen, Rost aus Gußeisen, Einlaufquerschnitt 265 cm²	300	300	100	16,0

DIN 1236 mit einem Durchmesser von 300 mm Verwendung. Hierbei muß unterschieden werden, ob der Hofablauf ohne oder mit Geruchverschluß eingebaut werden soll, wie groß die Nennweite (DN) des Ablaufes sein soll und ob diverse Zwischenteile und Auflageringe erforderlich sind.

Tab. 19. Eimer für Abläufe mit 300 mm Durchmesser nach DIN 1236			
Beschreibung	**durchschnittliche Länge, außen in mm**	**Höhe in mm**	**Gewicht in kg/St.**
Eimer DIN 1236-L, Stahl feuerverzinkt mit Schlitzen	260	420	3,5
Eimer DIN 1236-KL, Kunststoff mit Schlitzen	255	420	1,0
Eimer DIN 1236-K, Stahl feuerverzinkt mit Schlitzen	260	250	2,5
Eimer DIN 1236-KK, Kunststoff mit Schlitzen	255	250	0,8

Tab. 20. Betonteile mit 300 mm Durchmesser nach DIN 1236					
Beschreibung	**DN Ablauf**	**durchschnittliche Länge**		**Höhe in mm**	**Gewicht kg/St.**
		innen in mm	**außen in mm**		
Auflagering DIN 1236-28		250	450	60	17
Zwischenteil DIN 1236-27			380	205	20
Schaft, kurz DIN 1236-26			380	260	28
Schaft, lang DIN 1236-25			380	490	53
Boden DIN 1236-21	100		380	255	40
Boden DIN 1236-22	150		380	310	45
Boden DIN 1236-2 mit Geruchverschluß	100				
Boden DIN 1236-24 mit Geruchverschluß	150			530	139

Obenstehende Tabellen zeigen einige Beispiele für Aufsätze bis hin zu den Böden. So kann für den jeweiligen Bedarfsfall einer Entwässerung eine vorläufige Zusammenstellung der einzelnen Aufbauteile erarbeitet werden. Einen genauen Überblick bieten die Fachbaumärkte für den Garten- und Landschaftsbau.

Abwasserrohre

In Verbindung mit Entwässerungsrinnen und Hofabläufen ist auch die weitere Abführung des Oberflächenwassers von großer Bedeutung. Der Landschaftsgärtner arbeitet sehr häufig mit **KG-Rohren von WAVIN**, die aus **PVC-U** bestehen. Nicht nur das geringe Gewicht, sondern auch ihre große Funktionssicherheit, Abriebfestigkeit sowie Chemikalienbeständigkeit und besonders die kostengünstige und einfache

Wichtige Eckdaten für Abwasserrohre nach DIN 1986 auf einen Blick:

- Durchmesser DN 100 bis DN 500
- Längen (in cm): 50/100/200/500
- Farbe: Orange
- statisch hoch belastbar
- korrosionsbeständig, abriebfest
- chemisch resistent
- geringes Gewicht
- leichtes Verlegen
- hervorragende Strömungseigenschaften
- keine Wasseraustritte oder Fremdwassereintritte durch funktionssichere Steckverbindungen
- Bögen mit 87°, 67°, 45°, 30° und 17°
- Abzweige und Endkappen

Verlegetechnik sowie hohe statische Belastbarkeit und vielfache Verwendungsmöglichkeit dieser Rohre sind überzeugend.

Alle Rohre und Formteile dieses robusten, funktionssicheren und wirtschaftlichen Kanalrohrsystems sind bereits werkseitig mit eingelegten Lippendichtungen für eine schnelle und sichere Steckverbindung ausgestattet.

Im Garten- und Landschaftsbau werden am häufigsten Abwasserrohre mit dem Durchmesser DN 100 und DN 150 eingesetzt.

Meßgeräte

Um Terrassen, Wege, Einfahrten und Garagenhöfe mit dem notwendigen Gefälle zu versehen und Höhenpunkte festzulegen, können unterschiedliche Methoden und Geräte angewendet werden.

Nivelliergerät

Die wohl genaueste Höhenmessung wird mit dem Nivelliergerät erzielt. Es besteht aus zwei Hauptbestandteilen, dem Stativ und dem Gerät selbst mit Unter- und Oberbau. Das Stativ ist ein Dreibein und dient der sicheren Aufstellung im Gelände. Seine Höhe ist verstellbar. Die Platte des Dreibeins wird grob in Waage gebracht. Der Unterbau des Nivelliergerätes besteht aus einer Bodenplatte mit drei Fußschrauben. Die Bodenplatte wird durch eine Schraube mit dem Stativ verbunden. Über die Fußschrauben wird der Oberbau und damit die Zielachse in Waage gebracht. Das ist dann der Fall, wenn sich die Blase in der Dosenlibelle in der Mitte befindet.

Nivelliergerät.

Wie beim Fotoapparat oder einer Filmkamera hat auch das Nivelliergerät ein Okular und ein Objektiv. Am Okular kann die jeweilige Augenstärke sowie das Fadenkreuz im Nivelliergerät eingestellt werden. Eine Fokussierschraube stellt die Entfernung zur Meßlatte ein.

Das Nivelliergerät wird grundsätzlich so aufgebaut, daß der Betrachter in normaler Stellung bequem durch das Fernrohr sehen kann. Die korrekte Justierung des Gerätes kann man durch eine Drehung von 180° oder 200 gon (Neugrad) überprüfen. Die Libelle muß im mittleren Bereich bleiben. Sollte dies nicht der Fall sein, müßte das Nivelliergerät von einem Fachmann überprüft und neu justiert werden.

Nivellierlatte

Nivellierlatten haben im allgemeinen eine Länge von vier Metern und können zum Transport auf einen Meter zusammengeklappt werden. Sie haben eine Skaleneinteilung in Zehnerschritten, wobei ein „E" oder ein angedeutetes „E" für 5 cm stehen. Von der Nivellierlatte können die jeweiligen Höhenpunkte abgelesen werden.

Zum Feststellen von Höhen oder Festlegen von Höhenpunkten wird das Nivelliergerät an einem günstigen Standort aufgebaut, von dem aus alle Punkte eingesehen werden können. Man kann von einem Punkt aus beginnen und diesen als vorhandenen Festpunkt betrachten oder aber einen markanten Festpunkt (Terrassentür, Einfahrtsbereich, Hofablauf oder Ablaufrinne) übernehmen.

Lautet die erste Ablesung zum Beispiel 1,746 und die zweite Ablesung 1,759 bedeutet dies, daß der zweite Wert 1,3 cm tiefer liegt. Lautet die erste Ablesung 1,746 und die zweite Ablesung 1,338, handelt es sich um einen Anstieg von 40,8 cm. Das heißt also, je größer ein Wert – von einem Festpunkt aus gemessen – wird, um so tiefer liegt der Punkt im Gelände, je kleiner er wird, um so höher steigt das Gelände an.

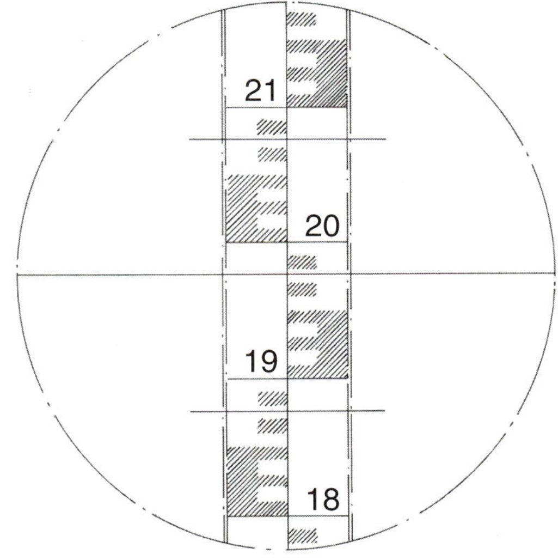

Abb. 31.
Blick durch das Nivelliergerät. Die abzulesende Höhe an der Mittelachse beträgt 1,977, wobei die zuletzt gelesene Ziffer ein Schätzwert ist.

Wiegelatte und Wasserwaage

Weniger aufwendig, aber für kleinere Bereiche oder das Übertragen einzelner Höhen völlig ausreichend ist der Einsatz von Wiegelatte und Wasserwaage.

Die Wiegelatte, meist zwei oder fünf Meter lang, besteht aus Aluminium und ist ein Präzisionswerkzeug. Mit der Wiegelatte kann eine Höhe einfach von einem auf einen anderen Punkt in Waage übertragen werden. Dazu wird die Wiegelatte beispielsweise auf einem Festpunkt aufgelegt, in entsprechender Entfernung wird ein Schnurnagel eingeschlagen und mit Hilfe der Wasserwaage die Wiegelatte in Waage gebracht.

Soll ein bestimmtes Gefälle übertragen werden, ist am Waagepunkt die entsprechende Höhendifferenz abzutragen.

Beispiel: 5 m lange Wiegelatte, Gefälle 3 %, dann muß die Schnur am Ende der Wiegelatte 15 cm tiefer gespannt werden (5 × 3 = 15).

Ähnlich verhält es sich, wenn ein vorhandenes Gefälle berechnet werden soll. Die Wiegelatte wird in Waage gebracht und die Höhendifferenz zur vorhandenen Fläche gemessen. Aus dem Verhältnis dieser zur Wiegelatte ergibt sich das prozentuale Gefälle.

Beispiel: 5 m lange Wiegelatte, Höhendifferenz 8 cm, entspricht 1,6 % Gefälle (8 : 5 = 1,6).

Wichtige Formeln

Ganz ohne Mathematik geht es auch beim Pflastern nicht. Oft benötigt man die einfachsten Flächenformeln zur Materialbestellung, oder bei einem Viertelkreis muß der rechte Winkel ganz genau stimmen. Deshalb sollen nachfolgend die wichtigsten Formeln zusammengefaßt und kurz erläutert werden.

Die beim Aufmaß wohl am häufigsten benutzten Formeln sind die zur Berechnung der Fläche von Quadrat und Rechteck.

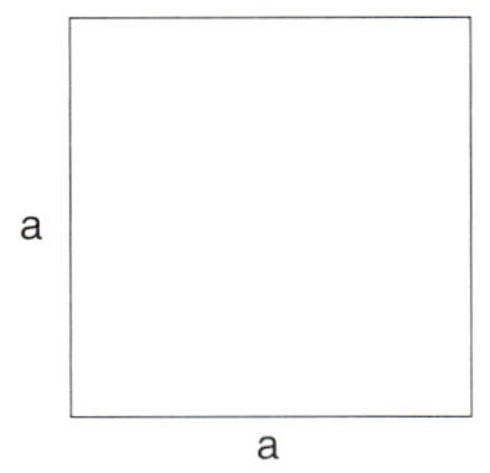

Quadrat: $A = a^2$

Abb. 32. Flächenberechnung Quadrat.

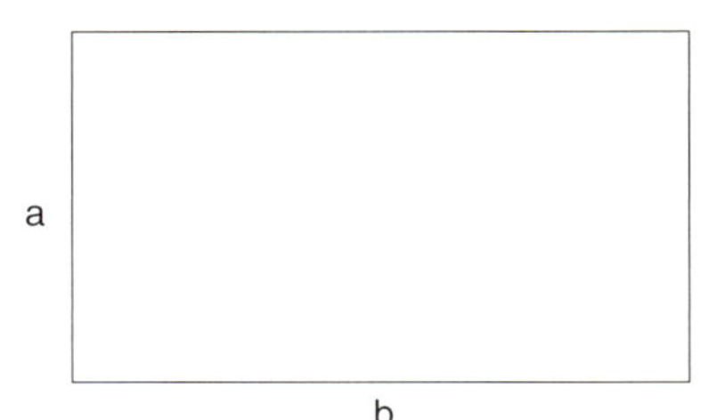

Rechteck: $A = a \times b$

Abb. 33. Flächenberechnung Rechteck.

Aus dem Quadrat oder Rechteck kann durch Ziehen einer Diagonalen ein Dreieck gebildet werden.

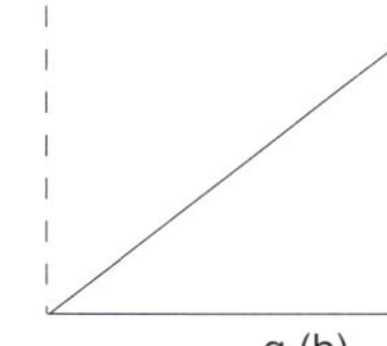

Dreieck: $A = \frac{g \times h}{2}$

Abb. 34. Flächenberechnung Dreieck.

Aus dem Aufmaß ergibt sich mittels Koordinatenverfahren häufig ein Trapez.

Trapez: $A = \frac{(g_1 + g_2)\, h}{2}$

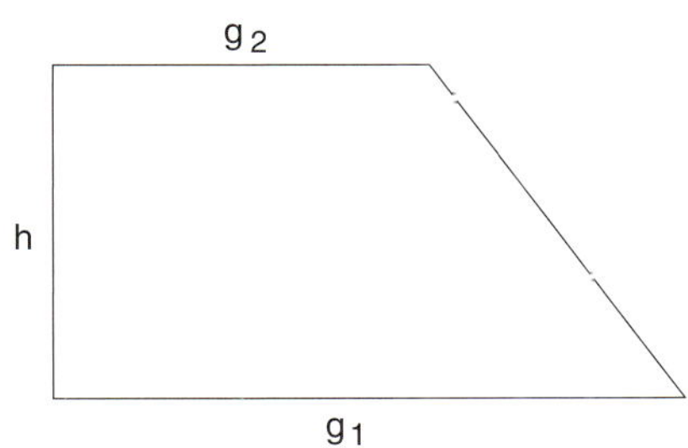

Abb.35.
Flächenberechnung Trapez.

Kreise, Halbkreise sowie Kreisabschnitte bei Segmentbögen sind ebenfalls häufig zu messende Größen. Nur allzu oft werden falsche Mengen an Materialien bestellt, weil Durchmesser und Radius verwechselt werden oder die Größe $\pi = 3{,}14$ falsch oder gar nicht berücksichtigt wird.

Berechnung der Fläche

Kreis: $A = r^2\pi$

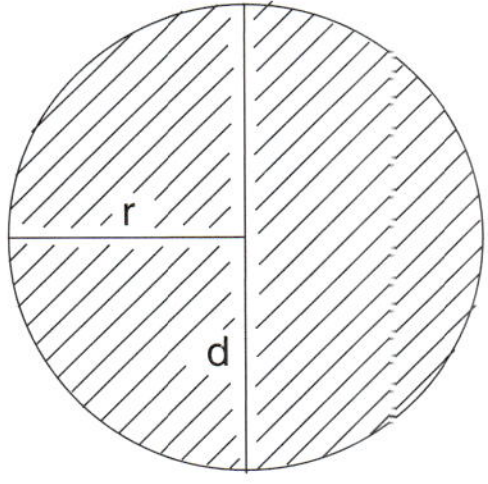

Abb.36.
Flächenberechnung Kreis.

Halbkreis: $A = \frac{r^2\pi}{2}$

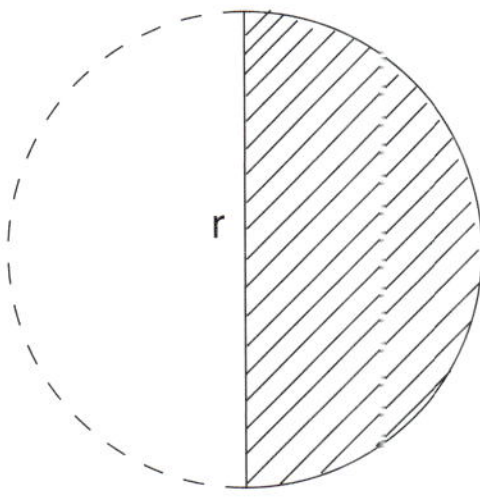

Abb.37.
Flächenberechnung Halbkreis.

Viertelkreis: $A = \frac{r^2\pi}{4}$

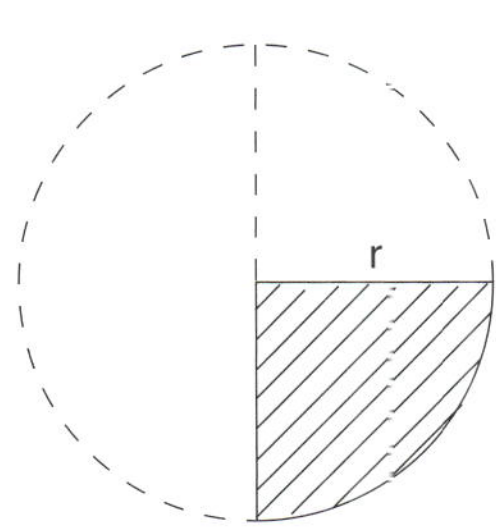

Abb.38.
Flächenberechnung Viertelkreis.

Kreisumfang: $U = 2r\pi = d\pi$

Will man in einer Kreisfläche nur eine bestimmte Kreisbahn berechnen, so zieht man die Fläche des kleineren Kreises von der Fläche des größeren Kreises ab.

Berechnung der Fläche

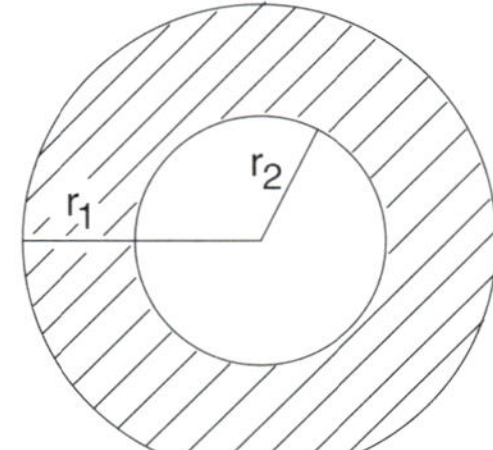

Abb. 39.
Flächenberechnung Kreisbahn.

Kreisbahn:
$A = (r_1^2\pi) - (r_2^2\pi) = (r_1^2 - r_2^2)\,\pi$

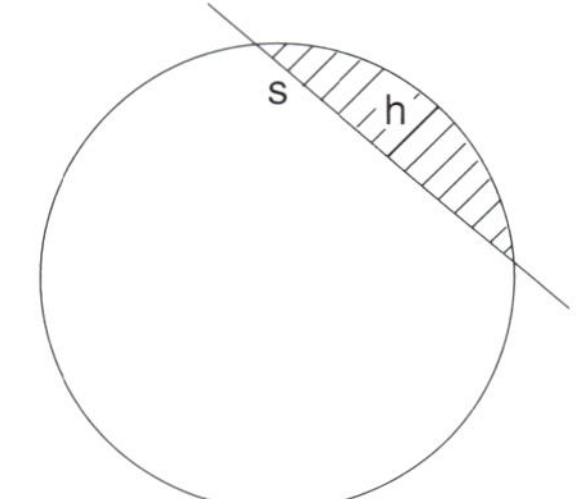

Abb. 40.
Flächenberechnung Kreisabschnitt.

Kreisabschnitt:

$A = \frac{2}{3} \times s \times h$

Zum Bestimmen der Bogenhöhe von Segmentbögen wird die Bogenformel benutzt.

Bogenhöhe: $h = s : 5 + 1$

Weitere, hier nicht aufgeführte Formeln können in speziellen Formelsammlungen oder Landschaftsgärtnerkalendern nachgelesen werden. Normalerweise sind die aufgeführten Formeln für den Pflasterbereich ausreichend. Bei Ornamenten oder speziellen gestalterischen Formen können diese Formeln auch häufig nur in freier Auslegung angewandt werden.

Die meisten rechten Winkel auf der Baustelle werden im Verhältnis 3 : 4 : 5 oder einem Vielfachen davon nach Pythagoras erstellt.

Satz des Pythagoras: $a^2 + b^2 = c^2$

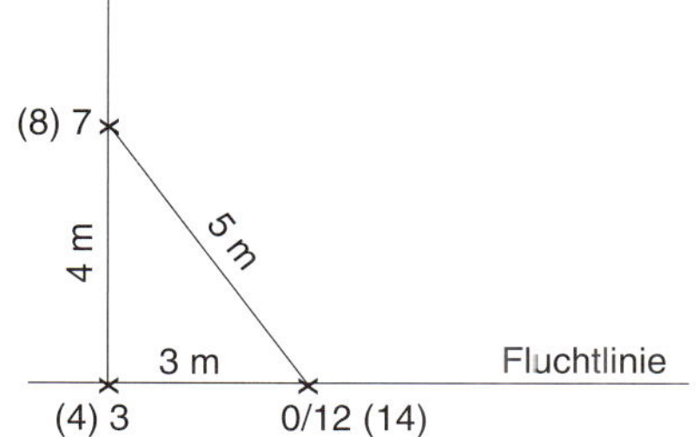

Abb.41.
Rechter Winkel nach dem Satz des Pythagoras.

Untersetzt man den Satz des Pythagoras mit einem Zahlenbeispiel, so kann sich nur folgende Situation ergeben: $3^2 + 4^2 = 5^2$. Das entspricht 9 + 16 = 25 oder dem Verhältnis 3 : 4 : 5.

Der ganze Vorgang kann mit einem Bandmaß in kurzer Zeit ausgeführt werden. Man rollt das Bandmaß auf 12 m aus, was dem Umfang des entstehenden Dreiecks entspricht. Auf der Grundseite wird die 3-m-Marke im Fußpunkt angelegt, der Nullpunkt liegt rechts oder links auf der Grundlinie. Die 12-m-Marke endet am Nullpunkt. Nun zieht man an der 7-m-Marke das Bandmaß stramm, steckt in diesen Punkt, der 4 m von der 3-m-Marke bzw. vom Fußpunkt entfernt liegt, eine sogenannte Zählnadel, und die im rechten Winkel verlaufende Gerade ist gefunden.

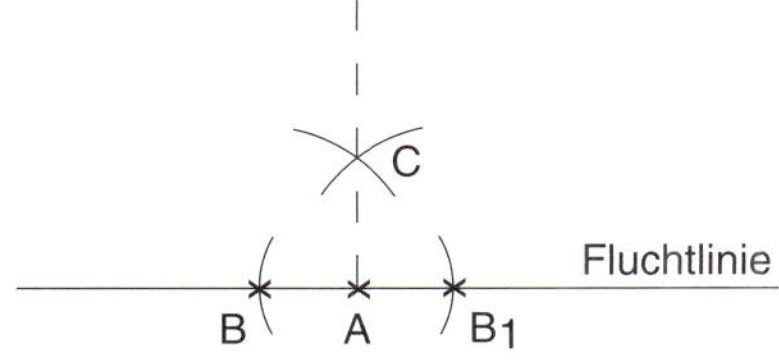

Abb.42.
Rechter Winkel nach der Schnurschlagmethode.

Die Exaktheit des rechten Winkels kann mit einer 5 m langen Wiegelatte – vom Nullpunkt zur 7-m-Marke – überprüft werden.

Ist kein Bandmaß vorhanden, kann auch mit Schnüren ein rechter Winkel gefunden werden. Bei der in Fachkreisen bekannten Schnurschlagmethode wird auf der Grundlinie um den Fußpunkt ein Kreis geschlagen, wobei zu beiden Seiten Hilfspunkte mit gleichem Abstand gefunden werden. Um die Hilfspunkte wird jeweils ein Kreis mit gleicher Länge gezogen, wobei der Abstand selbstverständlich größer sein muß als zwischen Fuß-und Hilfspunkt. Die Verbindung vom Fußpunkt und dem Schnittpunkt der beiden Kreise ergibt den rechten Winkel.

Koordinatenverfahren

Das Koordinatenverfahren ist relativ einfach zu handhaben. Die Hauptmeßlinie wird dabei von der ×-Achse gebildet, im rechten Winkel dazu steht eine Reihe von Meßlinien, die parallel zur y-Achse verlaufen.

Sie dienen nicht nur dem Aufmaß und der Einteilung in die verschiedenen zu berechnenden Flächenformeln, sondern werden zuerst für die Erstellung der Baumaßnahme benötigt. So sind zum Beispiel im Bereich der Hauptmeßlinie verschiedene Punkte für eine Pflasterfläche festgelegt, die von dort aus rechtwinklig durch die Meßlinien in das Gelände übertragen werden.

Die gleichen Meßpunkte verwendet man später für das Aufmaß und teilt die Großfläche in Rechtecke, Trapeze und Quadrate auf. Kreise und Kreisabschnitte werden gesondert aufgemessen, wobei bestimmte Meßpunkte durch Festlegung auf der Hauptmeßlinie vorab übertragen wurden.

Einmessen und Aufmessen werden, wie der Abb. 43 zu entnehmen, durch das Koordinatenverfahren sehr vereinfacht.

Durch das Gelände zieht sich die Hauptmeßlinie, an der fortlaufend die einzelnen Meßpunkte aufgeführt sind. So sind die festgelegten Schnittpunkte des Kreises A einmal 53,05 und 82,90, was nicht gleichbedeutend mit der Diagonalen sein muß.

Der Radius ist im Punkt 68,10 festgelegt und beträgt 16,00 m auf der Ordinate. Die Flächenformel für den Kreis lautet:

$$A = r^2\pi = 16{,}00^2 \times 3{,}14 = 803{,}84\ m^2.$$

Da der kleine Kreis in den großen überlappt, müssen die so entstandenen Kreisabschnitte von der Gesamtfläche des Kreises abgezogen werden. Dabei ist es ausreichend, wenn man mit der Gesamthöhe beider Kreisabschnitte rechnet.

Soll die Trapezfläche B berechnet werden, beträgt die dafür benötigte Höhe nicht 63,45 (was für die Abrechnung einen enormen, leider falschen Wert ergeben würde), sondern man zieht den im Trapezbereich unteren Punkt auf der Hauptmeßlinie ab, das heißt:

$$h = 63{,}45\ m - 45{,}45\ m = 18{,}00\ m.$$

Abb.43.
Koordinatenverfahren, bestehend aus einer Hauptmeßlinie von der aus die Ordinaten rechtwinklig auf prägnante Eckpunkte auslaufen. So können zu erstellende Bauteile festgelegt und eingemessen werden sowie die Fläche zum Aufmaß in Rechtecke, Trapeze und Dreiecke eingeteilt werden. Die Berechnungen zu A und B sind dem Text zu entnehmen.

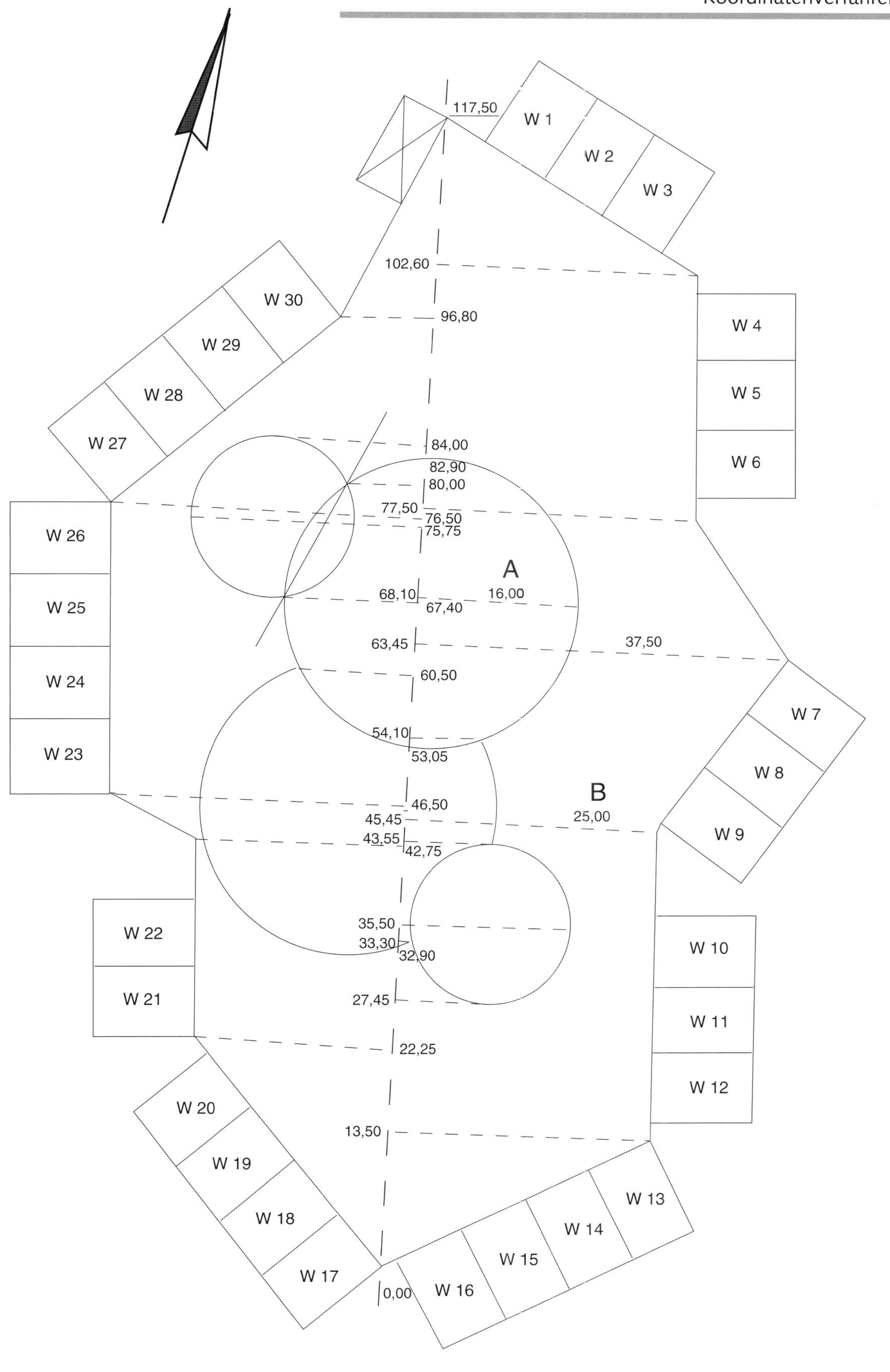
117,50
W 1
W 2
W 3
102,60
W 30
96,80
W 4
W 29
W 28
W 5
W 27
84,00
82,90
80,00
W 6
77,50
76,50
75,75
W 26
A
68,10
16,00
67,40
W 25
63,45
37,50
60,50
W 24
W 7
54,10
53,05
W 23
W 8
B
46,50
45,45
25,00
43,55
42,75
W 9
35,50
W 22
33,30
32,90
W 10
27,45
W 21
W 11
22,25
W 12
W 20
13,50
W 19
W 13
W 18
W 14
W 15
W 17
0,00
W 16

Nach der Trapezformel beträgt die Fläche B:

$$A_B = \frac{(a + c)\,h}{2} = \frac{(25{,}00\text{ m} + 37{,}50\text{ m})\ 18{,}00\text{ m}}{2}$$

$$= \frac{62{,}50\text{ m} \times 18{,}00\text{ m}}{2}$$

$$= 562{,}50\text{ m}^2$$

Soweit der kleine mathematische Ausflug. Die anderen Flächen können ebenfalls mit Hilfe der genannten Formeln und etwas Überlegung schnell gefunden werden.

Literaturverzeichnis

Baetzner, A.: Natursteinarbeiten im Garten- und Landschaftsbau. Verlag Eugen Ulmer, Stuttgart 1991.
Deutscher Normenausschuß: DIN 1045, Beton- und Stahlbeton. Beuth Verlag, Berlin.
Deutscher Normenausschuß: DIN 1164 Teil 1, Portland-, Eisenportland-, Hochofen- und Trass-Zement – Begriffe, Bestandteile. Beuth Verlag, Berlin.
Deutscher Normenausschuß: DIN 1236, Ablaufkombinationen aus Betonteilen. Beuth Verlag, Berlin.
Deutscher Normenausschuß: DIN 1986, Abwassertechnik. Beuth Verlag, Berlin.
Deutscher Normenausschuß: DIN 18035, Sportplatzbau – Tennenflächen. Beuth Verlag, Berlin.
Deutscher Normenausschuß: DIN 18315, Verkehrswegebauarbeiten – Oberbauschichten ohne Bindemittel. Beuth Verlag, Berlin.
Deutscher Normenausschuß: DIN 18318, Verkehrswegebauarbeiten – Pflasterdecken, Plattenbeläge, Einfassungen. Beuth Verlag, Berlin.
Deutscher Normenausschuß: DIN 18502, Pflastersteine – Naturstein. Beuth Verlag, Berlin.
Deutscher Normenausschuß: DIN 19580, Entwässerung für Niederschlagswasser zum Einbau in Verkehrsflächen. Beuth Verlag, Berlin.
Deutscher Normenausschuß: DIN 19590, Aufsätze für Ablaufkombinationen Klasse A 15. Beuth Verlag, Berlin.
Deutscher Normenausschuß: DIN 19593 Aufsätze für Ablaufkombinationen Klasse B 125. Beuth Verlag, Berlin.
FLL (Forschungsgesellschaft Landschaftsentwicklung/Landschaftsbau e.V.): Musterzeitwerte zum Musterleistungsverzeichnis Freianlagen Teil 2, Ausgabe 1996.
FLL: Regelsaatgutmischungen RSM 2.2, 5 und 7.2, Ausgabe 1999.
Friedrich, W.: Tabellenbuch Bautechnik. Dümmler Verlag, Bonn 1992.
Howcroft, H.: Pflaster für Garten, Hof und Plätze. Callwey Verlag, München 1994.
Kessler, J.: Der Gärtner. Band 4: Garten-, Landschafts- und Sportplatzbau. Verlag Eugen Ulmer, Stuttgart 1992.
Lehr, R.: Taschenbuch für den Garten- und Landschaftsbau. Verlag Paul Parey, Berlin 1997.

Maßgebend für das Anwenden der DIN-Normen ist deren Fassung mit dem neuesten Ausgabedatum, die bei der Beuth Verlag GmbH, Burggrafen Str. 6, 10787 Berlin, erhältlich ist.

Quellennachweis

Firma ACO: Dränrinnen-Prospekt.
Firma Baucentrum Guth: Sortimentskatalog Garten- und Landschaftsbau.
Firma Hagebau: Prospektkatalog.
Firma Hoaf Apparatenfabriek BV Nijkerk (NL): Prospektbeschreibung.
Firma Readymix: Transportbeton Praxis.
Firma Sakret: Fugenmörtel-Prospekt.
Firma Georg und Walter von der Wettern, Gesellschaft für technische Kunststoffe: Prospektmaterial, Technische Informationen.

Bildnachweis

Farbfotos:
Hanna Ackers, Essen: Seite 19 Entwurf des Planes in Bildform, 51 links.
Rüdiger Dichtel, Stuttgart: Titelfoto, Seite 5, 7, 9, 21, 24, 26, 27 rechts oben, links und rechts unten, 29 links unten, 30/31, 33, 42, 44, 45, 46, 47, 52, 53 oben, 60, 75, 76, 77, 83 oben, 87, 91, 92, 94, 95, 100.
Volker Friedrich, Oberhausen: Seite 19, 20, 22, 23, 25, 27 links oben, 29 links und rechts oben, 49, 50, 51 rechts, 53 unten, 64, 66, 67, 68, 69, 70, 71, 73, 74, 78, 79, 80, 82, 83 unten, 86, 89, 90, 93, 119, 122.
Peter Wirth, Stuttgart: Seite 10/11, 96/97.
Roland Ulmer, Stuttgart: Seite 12.
Gebrüder von der Wettern, Gesellschaft für technische Kunststoffe: Seite 56, 57.

Schwarz-Weiß-Abbildungen:
Abb. 1 bis 4: Entwurf: Hanna Ackers/Tobias Schäffler, Essen. Ausführung: Rüdiger Ziegler, Erfurt.
Abb. 10 bis 12, 29, 30: entnommen aus: Kessler, J.: Der Gärtner. Band 4: Garten-, Landschafts- und Sportplatzbau. Verlag Eugen Ulmer, Stuttgart 1992.
Abb. 13 bis 15, 23, 25: Entwurf: Tobias Schäffler, Essen. Ausführung: Siegfried Lokau, Eichenhagen.

Alle übrigen Zeichnungen wurden von Siegfried Lokau, Eichenhagen, nach Angaben des Autors angefertigt.

Ein besonderer Dank gilt den Firmen:
Garten- und Landschaftsbau Birger Bredenbrücher, Essen und
Gartengestaltung M. Kadner, Mühlheim an der Ruhr
für die freundliche Unterstützung.

Register